长江三角洲地区水害间接经济影响研究：理论、模型与评估

姜玲 刘宇 张伟/著

科学出版社

北京

内 容 简 介

　　本书着眼于水害对区域经济的间接经济影响综合评估，研究水害对区域整体、区域各组成部分、区域外部和产业结构等的间接经济影响。本书首先从经济学的角度分析水害间接经济影响评估涉及的科学问题、方法论和工具，研究水害及其间接经济影响在长江三角洲地区的机制特征，建立评估的一般均衡分析框架，然后在可获得数据基础上构建可计算一般均衡模型进行计算并提出对策建议。本书的研究可以为水害综合影响评估提供相关理论基础和方法支持，而且本书构建的水害间接经济影响系数以乘数概念反映一段时期内流域直接经济影响与间接经济影响的倍数关系，可以为水害间接经济影响评估提供简便快速有用的科学工具。

　　本书可以为中央和地方政府测度、评估和应对水害决策提供参考和依据，也可以为国内相关研究提供借鉴。

图书在版编目（CIP）数据

长江三角洲地区水害间接经济影响研究：理论、模型与评估/姜玲，刘宇，张伟著. —北京：科学出版社，2016

ISBN 978-7-03-048694-3

Ⅰ. ①长… Ⅱ. ①姜… ②刘… ③张… Ⅲ. ①长江三角洲–水灾–影响–区域经济发展–研究 Ⅳ. ①P426.616②F127.5

中国版本图书馆 CIP 数据核字（2016）第 129319 号

责任编辑：徐　倩/责任校对：王　瑞
责任印制：徐晓晨/封面设计：无极书装

科 学 出 版 社 出版
北京东黄城根北街 16 号
邮政编码：100717
http://www.sciencep.com

北京京华虎彩影印刷有限公司印刷
科学出版社发行　各地新华书店经销
*
2016 年 6 月第 一 版　　开本：720×1000　B5
2016 年 6 月第一次印刷　　印张：7
字数：139 000

定价：48.00 元
（如有印装质量问题，我社负责调换）

前　　言

　　包括水害在内的灾害管理关乎国民经济和社会安全。随着我国国民经济持续高速增长、生产规模日益扩大和社会财富的不断积累，灾害发生后的影响与过去不可同日而语。灾害已成为制约国民经济持续稳定发展的主要因素之一。其中，水害作为一种危及人民生命财产、严重影响地区经济运行的自然灾害，历来被各国中央和地方政府所关注，它也是我国的主要自然灾害之一。随着社会经济的发展，人类生存的环境发生了很大变化，水环境污染、水土流失、水生态环境恶化等新的水害不同程度地危害着人类的生存和发展。

　　水害对我国的国民经济和人民生活造成了巨大损失。根据 2012 年《中国水旱灾害公报》统计数据显示，全国 31 个省（自治区、直辖市）（不包括港澳台）2263 个县（市区）发生洪涝灾害，受灾人口 1.2 亿（占总人口的 10%），直接经济损失 2675.32 亿元 [占国内生产总值（gross domestic product，GDP）的 0.5%]。不仅如此，水害对经济的影响体现在很多方面。据新华社全国农副产品和农资价格行情系统监测，2013 年 7 月，我国南方多个省份因干旱、高温等灾害异常天气导致全国的蔬菜价格猛涨，半个月内 21 种监测蔬菜全国日平均价格涨幅超 1 成。在旱灾最为严重的湖南省，涨幅高达 20%～30%。

　　为了加强对灾害的全面应对，需要了解灾害的影响与构成，尤其是其对社会经济冲击的间接影响即灾害在直接损失之外对宏观变量（包括整体产出水平、就业、通货膨胀、消费、投资等）的冲击，是当下迫切的研究任务，仅评估灾害的直接经济损失并不足以反映灾害对经济系统造成的影响。从目前国内研究和水害评估的实际工作来看，对水害间接影响的认识同样需要深化和细化，从而对水害间接影响能够有全面的评估和认识。

　　目前，在国家战略重点关注的几大流域地区，对水害间接经济影响的特殊性，国内还没有系统的研究。本书的研究案例——长江三角洲地区，是我国三大城市群区域之一，也是我国城市化水平最高的区域。随着流域社会经济的发展，社会经济运行整体性、一体化程度日益加深，各地区、各部门、各产业间的经济关联日益复杂化，使得水害经济影响通过产业链、区际分工与经济联系等在整个区域经济体系中扩散的途径与过程进一步复杂化，水害造成的间接损失都将变得更加严重。因此，在城市区域，特殊的水文环境加上高度集聚和一体化的经济特征，使其遭受水害影响的体量比一般区域更大。

综上，本书的研究目的是在全面总结相关研究的基础上，分析水害间接经济影响评估涉及的复杂关系，发现间接经济影响构成及内在交叉关系，以长江三角洲为例，在可获得数据基础上建立水害对国民经济间接影响评估的框架，在进行计算后提出对策建议，从而为水害和水利综合治理效益核算提供相关理论基础和方法支持。

全书主体共分为六个章节：第一章水害间接经济影响的界定与问题提出，介绍水害与水利活动的经济定义与特征，从其外部性、区域性、随机性等角度分析研究对象的特征，提出研究问题与假设；第二章水害对区域经济间接影响的机理，提出长江三角洲地区水害特征及其对区域经济和产业结构影响的特殊机理与研究思路；第三章水害间接经济影响评估模型选择，对水害间接经济影响评估的模型进行比较与选择；第四章水害间接经济影响可计算一般均衡模型构建，阐述模型机理和构建程序，构建长江三角洲多区域可计算一般均衡（computable general equilibrium，CGE）模型；第五章基于 CGE 模型的长江三角洲区域水害间接经济影响评估与分析，应用构建的长江三角洲多区域 CGE 模型评估长三角洪灾、旱灾、水污染三种水害对长江三角洲区域经济和产业结构的间接经济影响并进行解析，发现内在复杂关系，验证前文假设；第六章是主要结论和政策建议。

本书的研究可以为中央和地方政府测度、评估和应对水害，围绕水害防治、水利设施建设、水利科学研究和其他水利活动进行科学决策提供参考和依据，也可以为国内相关研究提供借鉴。

　　本书得到国家自然科学基金面上项目"大都市圈区域一体化下的区域补偿理论与政策研究"（项目编号：71373294）和 2012 年水利部公益性行业科研专项项目"长江三角洲水害损失与水利治理效益核算研究"资助。本书是后者子课题"长三角水害损失与水利活动综合效益的经济学研究"的阶段性成果之一。因此，本书的第五章第一节关于研究对象、特征与直接损害数据与总课题保持一致。感谢北京化工大学刘安国教授和中国水利水电科学研究院陈敏建、倪红珍、马静等专家的建议，也感谢科学出版社编辑徐倩女士和魏亚如女士的支持。

姜玲　刘宇　张伟

2016 年 1 月 6 日

目　录

第一章　水害间接经济影响的界定与问题提出

第一节　水害与水利活动的经济特征分析

分析水害影响的目的是为水利活动提供依据。按照福利经济学的传统，我们将成本定义为人的福利的减少，将收益定义为人的福利的增加。因此，本书在研究水害与水利活动时，将成本定义为收益的减少或损失的增加，将收益定义为收益的增加或损失的减少。以此为前提，我们可以将水害与水利活动的经济影响放在一个统一的框架下进行阐述。

一、公共属性与外部性

从公共经济学视角来看，水害具有公共劣品（public bads）的特点，水利活动则具有公共产品或公共益品（public goods）的特点。水害和水利活动的公共属性使得二者的生产和消费具有显著的外部性（externality），这种外部性将对众多利益主体产生不同程度的成本-收益影响。

公共经济学中的相关基本概念

公共产品或公共益品是指被全社会共同使用的产品，具有非竞争性（non-rivalry）与非排他性（nonexcludability）。

竞争性（rivalry）和非竞争性（non-rivalry）指在竞争性市场上，一个人对某种商品的使用会限制他人对该商品的使用。如果一个人增加对某种商品的消费并不影响该商品对他人的可获得性，那么就称这种商品具有非竞争性。从经济学意义上分析，如果一种商品的消费增加，但与之相联系的商品社会边际生产成本为零，则称该商品为非竞争品。

非排他性（nonexcludability）是指，对私人产品而言，可以采取有效的措施将未付费的个人排除在从消费某种商品获益的范围之外。换言之，私人产品具有排他性。对公共产品而言，将不付费的个人排除在从消费该公共产品获益的范围之外即使不是不可能，也会是很困难的。例如，国防或灯塔服务一旦被生产，就很难排除未付费的私人对它们的消费。

公共劣品是公共产品或公共益品的对立面，是某种能够产生不被社会所需求的结果的产品。

当市场交易主体或享受不到交易活动所能带来的全部收益，或不必支付交易中所发生的全部成本时，外部性就出现了。在存在外部性的情形下，经济当事人的行为将以不反映在市场交易之中的种种方式影响其他当事人的行为。外部性可以分为正的外部性和负的外部性。由交通工具、工厂或吸烟者排放的烟雾对健康造成的影响就是一种典型的负的外部性；水环境改善导致本地房地产升值可以说是一种正的外部性。

二、跨时空性与时空不确定性

水害与水利活动影响的空间跨度与时间跨度非常大，受其影响的主体空间与产业分布差异极大，且水害与水利活动影响各利益相关方的方式亦复杂多样。因此，水害与水利活动的成本、收益及其外部效应，既存在时间上的不确定性，又存在空间上的不确定性。

水害与水利活动涉及的时空范围之广、利益主体之多、外部性之复杂加大了水害与水利活动经济学分析的难度。从公共经济学和区域经济学视角来看，我们不难发现，一个区域的水害与水利活动不仅影响本区域的社会经济发展，也会给相邻区域的社会经济发展带来正的或负的外部效应（如上游水库的蓄水活动有可能加剧下游农业地区的干旱）。引入灾害经济学、生态经济学、环境经济学展开研究后，我们又会注意到，水害与水利活动不仅影响人类的社会经济生活，而且会直接或间接地影响到人类赖以生存的生态环境，这种影响同时具有时间上和空间上的不确定性：水害何时发生，在时间上是不确定的；水害所影响的空间范围具体有多大，会在什么样的具体区位发生，在空间上是不确定的。由于水害在时间和空间上是不确定的，防治水害活动的后果在时间和空间上也是不确定的。

传统的水害与水利活动的经济学分析方法主要只考虑水害与水利活动的直接效应，而并不考虑水害与水利活动影响的外部性，但这种分析方法已经越来越不适应社会经济发展的要求。运用传统的水害与水利活动的经济学分析方法估算出的水害经济损失与水利活动经济效益往往有很大的误差，这对于水害防治、水利基础设施建设、水利科研相关的管理决策所具有的参考价值将大打折扣。

三、区域差异性

水害的经济影响呈现随区域发展阶段变化而变化的协同性特征。水害与水利的经济活动在不同的经济发展阶段会呈现出不同的性质，在区域中不同经济的发展阶段会拥有水平不一的基础设施建设。在区域经济发展初期，区域的基础设施相对较为落后，相应的水利工程建设也比较滞后。在初期阶段，当水害来临时，较为落后的水利工程建设会导致水害的损失较大，经济损失较为严重。随着区域经济水平的不断提高，基础设施建设会相应完善。同理，水利基础设施的建设也会得到更多的重视，当水害来临时，较为完善的水利基础设施能进行有效缓冲与调整，从而使得水害的损失减少。但随着经济发展水平的提高，水害中的水污染等影响效应也会逐渐被放大，而且由于经济的发展，区域的产业结构也会做出相应调整，过去水害造成的产业损失也会由第一产业向第二、第三产业转移。

第二节　水害经济损失的界定

一、水害损失与水利活动收益

水害是一种改变水资源配置的自然活动或自然现象，这种改变的发生与发展通常是不确定和不被欲求的，它往往给社会、生产和生活带来损失。同样具有改变水资源配置功能的水利活动，从其后果来看恰恰是水害的反面。水利活动是一种运用各种资源（知识、技术、劳动、资本等）朝着人类所欲求的方向改变水资源配置的人类活动。水利活动的收益不仅包括水害风险的下降或损失的减少，还包括它作为直接投入，以及它的保障功能与其他经济增长因素相结合给长期区域经济增长带来的贡献。

按照经济学的传统，我们将成本定义为人的福利的减少，将收益定义为人的福利的增加。在研究水害与水利活动的情形时，我们将成本定义为收益的减少或损失的增加，将收益定义为收益的增加或损失的减少。以此为基础，我们可以通过一个整合的成本-收益分析框架对水害与水利活动的经济后果进行综合分析。

二、水害经济损失

水害经济损失可以分为水害带来的直接经济损失和水害带来的间接影响。这种划分源自灾害经济学。

灾害直接经济损失可以理解为灾害发生后，因灾对各种客观存在的有形载体破坏后造成的最初经济损失，表现为存量损失。直接经济损失是在较短时间内形成的，如建筑、机器设备、交通工具、产品、半产品和农作物损失等，具体表现为实物形态损失。上述表述看似简单明了，但在实际工作中，由于侧重点和研究目的的不同，往往会产生很大的分歧，特别是由于缺乏统一的评估标准，在实际工作中各部门各取所需，制定本部门的衡量标准，从而造成在统计和评估工作中数据不统一或统计有漏洞。例如，于庆东和沈荣芳把直接经济损失界定为企业资产损失、居民财产损失和自然资源损失[1]。顾海兵认为，直接经济损失主要包括产成品损失、生产条件损失、生产潜力损失、生活财产损失和救灾支出损失等[2]。张向达则认为，直接经济损失不能只包括经济资产，还应包括自然资产，如土地资产、矿藏资产和森林资产等[3]。此外，有人把人口伤亡也折算为经济损失，资源环境破坏折算成价值损失，把防灾、救灾和抗灾投入列为经济损失；有人把经济损失分为财产损失、救灾费和效益损失。从上可以看出，由于研究需要的不同，对直接经济损失划分方法也不一样。从现有资料来看，虽然各部门对于灾害的直接经济损失，制定的标准可能存在出入，甚至可能有遗漏和重叠，但从总体上来说，灾害的直接经济损失主要反映的是灾害对实物资产破坏产生的损失。

对于灾害间接经济影响，目前还没有形成统一完整的定义，不同学者、专家的理解不同，定义也就不相同[4-8]。一般认为，间接经济损失是由直接经济损失派生出来的，是直接经济损失的后续效应。徐嵩龄认为，灾害的间接经济损失广义地包括三类[9]：①社会经济关联型损失，指由灾变对社会经济系统造成的直接破坏通过社会经济系统的网络而引发的社会经济系统的其他破坏，其中最重要的是产业关联型损失；②灾害关联型损失，指由一种灾害引起的次生灾害造成的经济损失，如水灾引发的地质灾害和旱灾引发的森林火灾及病虫害等；③资源关联型损失，既包括传统意义上的人力资源和资本资源的损失对未来经济增长的影响，又包括灾害中的自然资源破坏在可持续意义上对未来发展能力的影响。显然，这种对间接经济损失的理解是广义上的。黄渝祥等将灾害的间接经济损失分成三部分[10]：①间接停减产损失。由于经济活动的关联性，生产单位、行业和部门有着紧密的投入产出连锁关系。一个企业的停减产会间接地影响有投入产出关系的其他企业的产出，即便后者的生产功能并未受到灾害的直接破坏。②中间投入积压增加的经济损失。由于生产的停滞，在整个国民经济中势必造成材料和半成品的积压增加，这种积压的增加造成资金占用增加的机会损失。③投资溢价损失。对多数发展中经济而言，投资的资金相对不足，可用于生产性投资的单位资金比用于消费的资金更有价值，其超出的部分称为溢价。灾害后的恢复过程需要动用原来（如果没有灾害）可用于生产性投资的资金加以弥补，这种由于财产补偿引起生产性投资减少所产生的机会损失称为投资溢价的损失。对于直接经济损失和间接经济损失的界限划分，唐少卿和聂华林也主张从经济发生的瞬间这一基本含义出发，将损失的边界划分在一个适当的范围之内，而将受灾部门的减产停产损失划分到间接经济损失指标范围中[11]。直接经济损失是一个静态概念，是固定的，即灾害对经济的破坏是在瞬间或短期内完成的，直接经济损失应包括灾害诱发的次生灾害直接破坏损失，而间接经济影响具有动态性时间和空间差异性特征。首先，灾害的间接影响具有后向延时效应，即灾害的间接影响从灾害对经济系统的破坏开始，到灾区基本恢复成灾前发展水平为止。Parker 等认为，间接经济损失是一个流量的概念[12]，是指在一个时段上所积累变动的量，间接经济损失又分为初始间接损失和次生间接损失。初始间接损失是指经济生产中断引起的流量损失，而次生间接损失是经济系统产业链的关联效应损失。Cochrane 定义的间接损失为灾害引起的经济部门前向产出和后向供给错位，从而引起生产运转终端导致的损失[13]。于庆东和沈荣芳把间接经济损失确定为停减产损失、产业关联损失[1]。

借鉴灾害经济损失的概念探讨，我们认为，水害的直接经济损失是指在水害发生的过程中，对工商业资产、居民财富和基础设施造成的直接破坏。间接经济影响是指由于直接经济损失的影响，而导致的派生经济损失。

第三节　相关研究进展及研究问题提出

针对前文提到的水害与水害损失，我们对国内外当前研究特征和趋势进行了总结，主要结论如下。

一、国际研究的趋势

（一）水害对区域经济社会影响评估实践在日益深入

美国农业部（The United States Department of Agriculture，USDA）和自然资源保护服务署（Natural Resources Conservation Service，NRCS）编制了《水资源经济学手册》（*Water Resources Handbook for Economics*），对水资源利用与洪水灾害损失的经济分析原理和方法做了全面系统的论述[14]。澳大利亚 Randy 的研究强调了水资源的多重属性，不同的人会对水的多种好处和用途予以不同的估价。当今的经济增长和环境战略要求将水的综合管理政策利用整合到整个国民经济体系中，以平衡水的经济需要和环境需要[15]。Sassi 和 Sbia 运用社会核算矩阵（social accounting matrices，SAM）模型研究了洪水风险对一些特定经济部门的影响[16]。英国威尔士环境署和英国环境、粮食和农村事务部也就洪水灾害对城乡社区的影响展开了研究[17]。

（二）水害影响的内涵中解析逐渐立体和全面

传统的水害与水利活动的经济学分析一般重点考察水害对生产与生活造成的直接损失或水利活动给生产与生活带来的直接利益，对水害与水利活动的间接效应的内在解析较少。事实上，水害对受灾地区不同子区域的影响与水利活动对受益地区不同子区域的影响并不是等量齐观的。举例来说，水害在给受灾地区的某些子区域带来纯损失的同时，也有可能使某些原本缺水、潜在地受旱灾威胁的子区域的供水状况获得短期改善，这种改善有可能增加相关子区域的农业收成。在估算受灾地区的总损失时，因为只是简单地将各子区域的直接损失加总，并不考虑水害附带给相关子区域的额外收益，所以水害的损失往往会被高估。类似地，一项水利工程在给受益地区带来纯收益的同时，也有可能使其他地区蒙受损失，而传统上在估算水利工程的经济效益时，很少将这类损失纳入考虑，因此水利活动的经济效益往往会被高估。对于这一问题，联合国欧洲委员会（United Nations Economic Commission for Europe，UNECE）针对欧洲的跨边界洪水风险管理研究指出，对洪水事件与洪水风险及其经济后果有必要进行正反两方面的分析，全面衡量洪水事件、洪水风险及洪水风险管理的经济成本与价值。

（三）水污染和水环境灾害的影响日益得到关注

水害和水利活动除了直接影响社会生产和生活之外，还直接或间接地影响环境与生态，从而带来额外的社会成本或收益。在实践中，美国农业部针对非点源污染情况下水品质保护的经济学研究，对于我们评估由洪水引发的污染事件的经济成本具有重要的借鉴意义[18]。Farolfi 研究了水作为经济品的经济价值、水的价值的不同分类、水资源配置中的外部性和水资源开发中的成本收益分析[19]。

如果水害与水利活动的经济学分析不将水害与水利活动的环境与生态成本（或利益）纳入考虑，那么由此得出的水害与水利活动的总损失或经济效益就不能反映其损失与效益的全貌。按照环境库兹涅兹曲线的预测，一个国家或地区的环境问题将在其经济发展的中间阶段表现得最为突出。Grossman 和 Krueger 的研究表明：在 4000～5000 美元的人均收入水平上，国家或地区将经历环境与发展问题的一个转折点或拐点，在达到该拐点之前，经济增长会使得环境污染问题加剧；一旦越过拐点，环境品质将随进一步的经济增长而改善[20]。因此，在环境库兹涅兹曲线的上行段，我们有理由预测，与水害相联系的生态环境风险、潜在的社会损失必然呈上升趋势；相应地，水利活动的直接经济效益及其对社会经济发展的保障作用也会变得越来越显著。因此，在环境问题越来越成为制约社会经济发展主要因素的今天，在水害与水利活动的经济学分析中还像以前一样不考虑水害与水利活动的环境和生态影响显然是不合时宜的。

总结国外研究趋势，我们可以得到如下主要结论：①有必要分类水害损失，即洪涝损失、干旱缺水损失、水环境污染损失和水生态破坏损失，研究水害的直接损失、资源冲击、生态冲击和环境冲击；②区分直接损失和间接影响，区分正面冲击（或称缓和，如局部干旱的缓解、淤泥导致的肥力改善、污染的转移、新的湿地的形成等）和负面冲击。

二、我国相关研究的进展

在国内，对水害各类损失的评价方法有大量的研究成果，尤其是在洪涝与缺水损失的计算方面，形成了许多相对成熟的计算方法和规程。对水利效益的计算特别是对水利发挥和避免水害损失的效益评估，《水利工程经济学》《实用水利经济学》及"水利建设项目经济评价规范"都有明确的计算分析方法，并已经形成了一定的理论基础。关于水害与水利综合管理效益，王浩等的专著《水利与国民经济协调发展研究》针对水利与国民经济发展关系这一重大问题，运用投入产出分析理论定量分析了水利与国民经济之间的各种联系[21]及"水利与国民经济发展的协调程度，回答了水利工作面临的一系列'度'的问题，提出了面向社会经济可持续发展的我国水利发展模式及一系列调控准则"。

值得我们注意的是，目前国内外关于不同类型水害损失的评价方法，通常都是各自独立地进行分析与评估，缺乏对水害、水资源、水环境、水利活动的关系分析，这会导致我们对水害损失和水利活动效益的分析不够全面，存在着交叉和重复计算的现象，还存在忽视损益转化的问题。例如，洪灾的损失是主要的，但是洪灾带来的水资源补充是一个正效益，这是一个关系转换的问题。更进一步地，这个正效益能否实现，取决于我们水利活动设施是否完备。但是，这种正效益是否需要单独的水利活动投入？在各种类型的水害中，是否还存在其他转化关系？我们需要进行全面分析。总之，狭义地看，水害损失与水利综合管理效益的经济学研究主要限于对水害的直接损失与水利综合管理直接效益的研究；广义地看，上述研究属于更广泛的水配置研究的一部分。

目前从理论和实践上来看，还没有办法很好地度量间接经济损失，对间接经济损失的形成机制与影响范围也未达成一致，导致目前城市管理者对洪涝灾害的经济损失评估不全面，也不利于采取相应的措施阻断间接经济损失的传导与影响。张鹏等也认为，随着经济系统整体性的提高，我们需要从经济学角度来分析灾害间接经济损失的影响，此类型研究拥有非常重要的现实意义[22]。

而且相比于国外的研究和实践，国内的水害损失研究缺乏对存量和流量（直接和间接）、空间外部性、区域无形资产等的讨论。这些都是将损失评估细化的未来可能方向。

三、研究问题的提出

综合以上内容，本书认为，当前阶段，在综合分析水害间接经济影响时，还有如下问题需要回答。

（1）水害对区域经济和产业发展存在什么样的作用机理？

（2）水害对区域经济影响的内在构成是什么，其中是否存在复杂交叉关系？例如，前文提到的负面冲击缓和。

（3）现有水害对经济影响的测算是否全面？采用什么方法和手段可以实现科学、全面、快速评估水害的经济影响，直接为灾后快速评估服务？

针对问题（2），本书认为有两个关键问题，或者说要重点关注两类关系。第一类关系中包括水害带来第一轮的主要间接影响和通过国民经济与产业系统传递下去的第三轮、第四轮的次要间接影响，但这些影响可能对于不同产业并不总是负影响，这一点是需要实证分析的。第二类关系是当考虑到地区外部性时，在一个相对完整区域经济系统中，一个组分地区受到负的冲击可能给另一个组分地区带来正的提升，因此区域流入流出的结果与单独区域叠加的效果是不一样的，这也需要实证研究来证明。后面实证部分将重点对这两个假设进行验证。

第四节　水害间接经济影响研究的思路

由于水资源所具有的多种功能，以及水害与水利活动所具有的公共属性、外部性、跨时空性及时空不确定性和与区域发展相关的阶段性，对水害经济影响的分析必须结合多个视角、多个学科，涉及多方面主体，跨越不同的时间和空间尺度，覆盖水资源的多种用途。

首先，需要多学科视角。水害与水利活动的经济学分析不止局限于对其直接后果的分析，还需要分析水害与水利活动的环境、生态后果的经济表现。水害与水利活动的公共属性与外部性首先要求我们从公共经济学视角将水害与水利活动作为一种配置公共资源（水资源）的方式来分析。作为自然灾害的水害风险具有灾害经济学中所描述的各种时空不确定性，为应对水害风险进行的各种水利活动的社会经济后果必然表现出类似的不确定性，借助灾害经济学相关理论有助于我们更好地分析水害风险与水利活动的不确定性及其社会经济后果。水害和水利活动的跨时空性使得区域经济学中常用的空间分析和区位分析在水害与水利活动的经济学分析中成为必需。如果将分析视野进一步扩展，涵盖水害与水利活动的环境、生态与社会效应，那么生态经济学与环境经济学中常用的关于生态与环境影响的成本-收益分析方法也会为我们提供很多借鉴。

其次，要考虑多主体。水害与水利活动的公共属性与外部性要求我们全面分析水害与水利活动对不同利益主体（居民、企业、产业、区域等）的影响，换言之，水害与水利活动的总效应都需要有微观数据做基础，这就对我们选择模型提出要求。

再次，要考虑空间与实践差异。水害与水利活动都是在一定的空间范围内发生的，但水害与水利活动对处在同一地域不同主体的影响并不是等量齐观的，对水害与水利活动的影响必须进行跨空间分析。水害与水利活动对不同主体、不同地域的影响差异还表现在影响持续时间的长短上。例如，一次水害导致的农业直接损失也许是农作物当年歉收，但如果水害导致了农地污染，那么污染的后果有可能持续多年。类似地，一项水利工程建设可能要求某家工厂搬迁，涉及的搬迁成本将是一次性的，但水利工程修建后却可以永久性地降低作为一个整体的某个区域的水害风险，每年所减少的水害损失将是水利工程直接经济效益的一部分。此外，由于水利工程的保障作用，使得其他一些从前不适于某区域从事的经济活动得以在该区域展开，水利工程对经济增长的长期贡献也许超出它所减少的水害损失，但这一部分经济效益的估计极其复杂。

最后，要考虑区域差异性。水害与水利活动的阶段性要求我们从区域的发展阶段出发，综合考量水害与水利活动。针对不同区域的经济发展阶段，其水害与水利活动带来的影响也是有差异的。例如，在区域发展的初期，水利的基础设施并不完善，当水害来临时，将会造成巨大的损失。当区域经济发展到后期时，相应的水利基础设施也趋向完善，当相应的水害来临时，其相应的损失将会被弱化。同时，由于水利工程的存在能使得相应的水资源获得空间与时间上的再次配置，最终使得相同程度水害给不同发展阶段区域带来的影响并不相同。

第二章　水害对区域经济间接影响的机理

　　水害对区域经济与产业发展的影响具有一般机理性，但是随着国民经济空间特征和产业结构的演变，出现了一些值得我们关注的特殊机理。

　　以我国最重要的区域之一——长江三角洲区域为例，区域宏观经济的发展越来越集聚到以城市为核心的城市群。一方面，我们享受着的集聚经济的好处；另一方面，我们也不能忽略区域中高速城市化与高度集中所隐藏的危险。由于区域中城市特殊的水文环境及高度集聚的经济特征，水害与水利活动对区域宏观经济和产业的发展影响越来越大。

　　因此，本章将在一般性的水害与水利活动对于区域宏观经济影响研究成果的基础上，对城市群区域中水害的间接经济影响进行分析，尝试研究其形成机制、影响范围及度量问题，以期为全面剖析和度量水害对区域宏观经济和产业的影响提供理论和方法的思路创新。

第一节　水害对区域经济和产业发展影响的一般机理①

　　水害对区域宏观经济和产业发展的影响是区域各部分所受影响的综合作用，因此，我们可以通过分析水害对具体地区宏观经济和产业发展的影响了解其对区域所产生的作用。目前，对水害的间接经济影响研究与测算方法可以给我们一些基本概念、框架和方法。

　　水利活动和水利行业是社会经济系统的一个重要组成部分，立足于涉水活动的资源性和服务性两个视角，可以分别概括水利部门的两种经济功能，进而得出两种与经济系统相互影响的逻辑关系，即两种经济学分析路径。基于资源性视角，水利资源是经济生产的重要因素，各类水利活动主要承担生产和管理职能；基于

---

　　① 本节部分内容已发表于《城市洪涝灾害的间接经济损失评估——以北京市为例》. 现代城市研究[J]，2014，（7）：6-13.

服务性视角，水利部门可以视为经济系统中的一个独立行业，各类水利活动在一定的预算约束下提供涉水服务。其中，可以将水害视为在这一框架约束条件下服务产出集中的负价产出。基于此，可以进一步展开水利活动与区域宏观经济系统相互影响的机制研究，并可以在投入产出理论、社会核算矩阵和 CGE 等理论和方法体系中的一般均衡分析框架中展开，具体路径和机理如下。

一、存量-流量机理

以洪涝灾害为例来进行说明。从存量与流量的角度出发去审视洪涝灾害的经济影响，可以把地区工商业资产、居民财富与基础设施看做固有的资本存量，其对应于长期的影响；而日常的经营性活动中生产出来的产品服务与增值则是一种流量，其对应于短期的影响。在没有任何灾害冲击之前，整个区域经济处于一个均衡状态。当洪涝灾害发生过后，某地区固有的生产能力会受到直接的冲击，这也是我们所提及的洪涝灾害的直接经济损失。在这个过程中，洪涝灾害将会给其他产业部门带来减产甚至停产的现象，并伴随着救灾重建与修复，这种产出的下降与资源损耗就相当于增加值的减少与成本的损耗，对应于所提及的洪涝灾害的直接经济损失。再从时间的维度出发，从短期来看，流量更多与当年的投资与消费相关，会引致增加值的变动，但其效应较短；而从长期来看，则要注意存量的变换，只要存有的资本量能恢复到灾前水平，就不会存在长期的负效应。

总体而言，长期是否会受到冲击主要看资本、人力与技术是否能恢复。水害的冲击从长期来讲并不会产生过大的影响，水害对长期资本存量的影响并不会特别严重，因为它能获得迅速恢复。但短期的冲击却较为明显，其影响也会较大（图 2-1）。

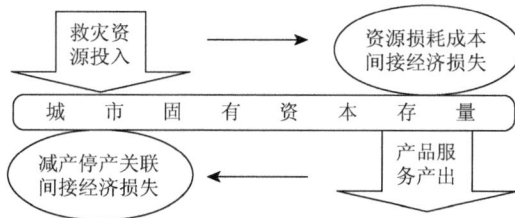

图 2-1　水害间接经济影响的存量-流量机理

二、产业关联机理

对于一个有自己相对完整和独立的经济和产业系统的地区来说，在洪涝灾害发生时，将会带来一次明显的经济冲击，行业与经济主体之间的平衡将会被打破，与此同时，产业的关联能让我们更清楚地看清地区经济系统受到冲击时的影响脉络。产业关联机理侧重于从国民经济产业关联体系去观察洪涝灾害的间接经济损失，但资源关联的损失在其中无法得到详细清晰的呈现。但由于经济系统中拥有多个产业部门，资源的损耗成本能通过产业部门的联系获得一定体现。产业部门与部门之间存在前向关联和后向关联的关系，若其中一个产业部门受到洪涝灾害的直接冲击，则会导致此产业部门停产或者产量下降，其前向企业将得不到相应的供应，从而影响最终使用；同时，其后向产业的生产将得不到完全消耗，导致其后向产业的生产浪费，最后影响总投入。产业存在的这种前后向关联的影响，将打破经济部门原有的供需平衡，使经济的正常运行中断，这种产业部门的前后向关联损失最终也会影响到需求与消费。

市场出现供需不平衡的情况后，将造成区域内上下游行业的价格和供需的波动，行业会通过价格和产量影响到消费、投资、就业、收入、储蓄等内容。紧接着，产业关联机制将影响到其他行业与不同区域的经济，进而整个国民经济也会受到影响。在这个过程中，直接的经济损失表现为产品服务的减少、存量的减少等，其间接传导机制为价格与供需平衡的改变，最终结果是其他部门或区域外的不平衡情况出现，而这种由价格与供需不平衡导致的其他部门或区域外影响即为间接经济影响（图 2-2）。

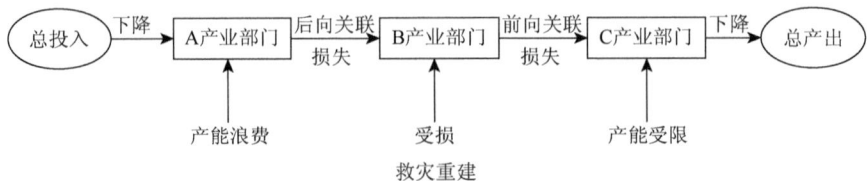

图 2-2　间接经济影响的产业关联机理

第二节　水害对区域经济和产业发展影响的区域性机理

前文所讨论的是水害对区域宏观经济和产业发展影响的一般机理。但在充分考虑区域整体、不同类型区域定位和发展阶段的基础上，还需要分析水害与水利活动对区域影响的整体性和差异性。

本小节的阐述侧重两个方面：一是区域差异性机理，它又可以分成三个部分，分别是水害损失与区域发展阶段的一般关系、水害损失与区域产业之间的关联和主导水害与区域发展阶段的联系；二是水害间接经济影响的多区域间综合效应机理。

一、水害间接经济影响的区域差异性机理

水害与水利活动对区域宏观经济和产业发展的影响与区域发展阶段性密切相关，这种一般关联关系已经有学者提出过。李谢辉和韩荟芬以河南省黄河中下游地区为研究区域，用洪灾损失快速评估模型发现，在同样的洪灾冲击之下，2015 年的洪灾损失将会是 1996 年洪灾损失的 4 倍[23]。龚宇和张红红以 1991～2006 年的唐山地区为例，测算了区域作物旱灾产量和经济损失的评估，发现随着时间推移和区域的发展，旱灾导致的经济损失呈现一个先增加后减少的趋势，在 2006 年时，减产量和经济损失都达到了最小[24]。在学者前沿基础研究之上，李春华等以省域作为研究的基础对象，对各省的经济发展水平与洪水灾害经济易损性进行相关分析，发现洪灾对区域的经济易损性与各省经济发展水平呈现倒 U 形曲线关系[25]。

随着区域的经济发展，水环境破坏与生态损失影响越来越突出。洪滨测算出2004 年江阴市因水污染导致的经济损失保守估计达到 15 亿元，相当于当年 GDP的 2.4%[26]。李锦秀和许嵩龄以经济发达且水污染严重的太湖流域为例，发现太湖流域内的 7 个城市 1998 年水污染总量为 467.58 亿元，占这 7 个城市 GDP 的5.97%[27]。

综上，笔者认为：水害间接经济影响的程度及领域与区域经济发展阶段密切

相关。在区域经济发展的初期，区域中并没有完成有效的产业集聚，其初级的形态更多以农业为主，相应的水利建设活动较为薄弱。当水害来临时，区域对抗水害的能力较低，但由于其更多以农业为主，相应的损害也会降低，而水利活动带来的收益也相对较低，水害的损失对第一产业产生更大的影响。当区域经济发展到工业化中期时，区域已经完成了相应的产业集聚，产业的链条向中端移动，宏观经济发展水平逐渐提高。但这段快速发展时期并没有迅速完善各类水利基础设施，当水害来临时，水利设施建设不足和区域经济的高密集性会导致水害带来的损失增加和水利活动带来的收益降低的现象，水害的损失对第二产业产生更大的影响。当区域宏观经济发展到工业化后期时，城市化进入较高发展阶段。人们为了防止各类灾害事件对城市与区域的影响，越来越注重城市与区域的基础建设。相应地，水利设施得到更充分的建设，这使得区域抵挡与降低水害损失的能力增强，最终区域的水利活动收益逐渐上升，水害带来的损失也随之下降。在这一阶段，水害损失更多针对的是第二和第三产业（图 2-3）。

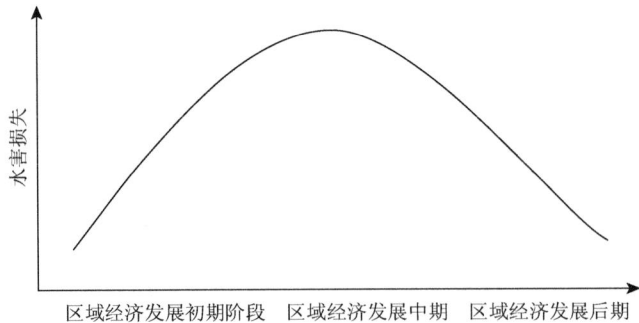

图 2-3 水害损失与区域发展阶段的关联

随着区域的不断发展，产生影响的水害类型也会发生转换。在区域发展初期，水害主要是以洪灾与旱灾为主，这两类水害对区域宏观经济和产业发展影响更为明显；当区域到达发展中期时，水环境的污染与水生态的破坏逐渐加重，同时洪灾与旱灾也会伴随而至；当区域发展到后期时，洪灾与旱灾对区域的影响趋弱，但水环境的污染与水生态的破坏逐渐变成水害的主体形态。

二、水害间接经济影响的多区域间综合效应机理

从区域角度来看，区域经济发展到今天，任何行政区再也不是以一个相对独立的个体存在，如目前大中城市存在的形态大多为都市圈、城市群的核心或外围。一个单元必定与其他地区间存在诸多联系，如经济上的产业关联、基础设施的共用、价格变动关联、要素的流动与共享等。当某个地区特别是区域中的中心城市，出现洪涝灾害时，此洪涝灾害的影响也不再仅限于受灾的地区，其影响的范围将会扩展到整个区域。受灾城市的基础设施受到破坏，将会影响整个区域的交通物流状况，受灾地区的重建与修复也会使流动的人力资金回流于本地区中。同时，同一经济区域的产业关联程度也比较高，某一地区产业受到影响，将会影响整个区域的产业生产状况。因此，在区域中某地区洪涝灾害的直接经济损失只存在于本地区的行政单元之内，但由其引发的间接经济损失应以整个区域作为考察的范围。

区域水害对宏观经济和产业发展的影响不再是一个单独的区域问题。从流域的角度来看，它涉及流域中不同区域所处的位置，上下游区域之间的相互联动；从产业角度来看，它涉及区域之间产业关联，若某区域因水害而出现产出不足时，将会影响到其他区域的生产；从资源流动来看，由于区域间的人流、资金流、信息流等多种要素存在相互交换关系，当某区域出现水害时，将会导致相应的流动受到阻碍。

过去很多研究运用单区域模型进行水害与水利活动综合测算，这容易忽略区域间的联动关系，如当某区域遭遇水害时，单区域模型只关注水害为本区域所带来的损失，而没有综合考虑其他区域可能会为了弥补受灾区域而带来产能的增加，从而导致水害损失的虚增。同时，若某区域进行水利设施建设，对于单区域而言，更多关注的是其对本区域带来的蓄水能力与抗水害能力的增强，而没有关注此水利基础设施对于其他区域的负面影响，如导致上下游水量分配不均等问题，从而使水利活动收益被夸大。

由于经济系统的日趋复杂，相关学者在进行环境与各类测算时，越来越注重

多区域之间的关联，多区域之间的关联可以更为客观地观察区域间的总体关系，从而减少重复计算和区域内外部叠加的问题。

因此，本书更倾向于选择多区域模型进行水害活动的测算，它能有效模拟水害对各区域主体之间的影响，从动态的角度采用系统的观点对水害活动的间接经济影响进行一个有效测量，从而有效描述多个区域主体之间的相互作用，估计各类水害带来的间接影响，提供一个客观与科学的均衡分析结果。

第三节　长江三角洲区域经济特征及水害与其关系预判

一、长江三角洲区域宏观经济与产业结构阶段特征

长江三角洲作为我国三大城市群之一，其发展在我国各个区域当中一直居于前列。从长江三角洲地区的人均 GDP 发展来看，2000～2013 年长江三角洲地区的人均 GDP 处于不断上升的阶段，从过去 2000 年的人均 16 247 元（约合 2652 美元）上升到 2013 年的人均 80 719 元（约合 13 175 美元）。长江三角洲地区的人均 GDP 一直高于全国水平（图 2-4）。

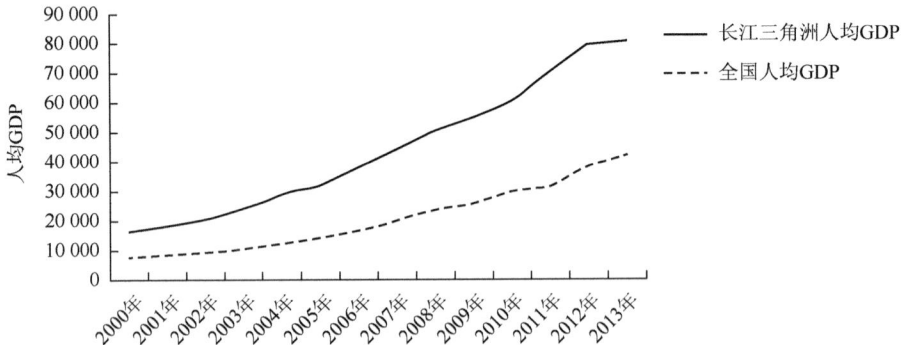

图 2-4　长江三角洲地区与全国历年人均 GDP 对比

从城市化率来看，长江三角洲的城市化率也在我国也处于领先的水平，长江三角洲的城市化率从 2000 年的 40.64%上升到 2013 年的 64.27%，处于一个稳步

提升的阶段。同时，其城市化率的水平也远高于全国水平（图 2-5）。

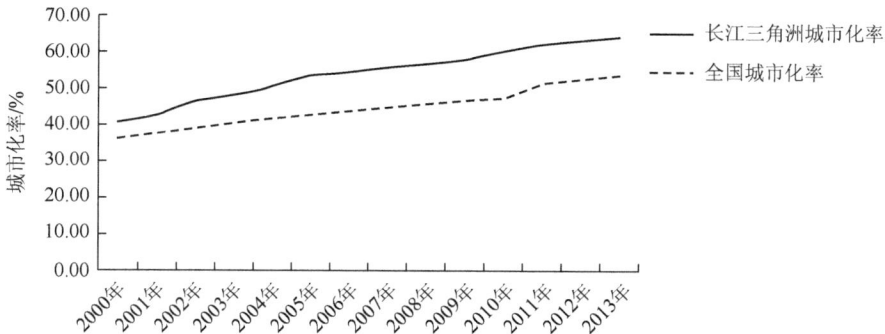

图 2-5　长江三角洲地区与全国历年城市化率对比

从产业结构来看，2000～2013 年长江三角洲地区的第一产业呈现连年下降的趋势，第二产业呈现出先上升后下降的趋势，而第三产业则呈现出先下降后上升的趋势。截至 2013 年，长江三角洲地区的三次产业结构为 5.71∶49.24∶45.06。相比较全国产业结构而言，长江三角洲区域的第一产业比例较低，但其第二产业比例相对于全国而言则较高（图 2-6）。

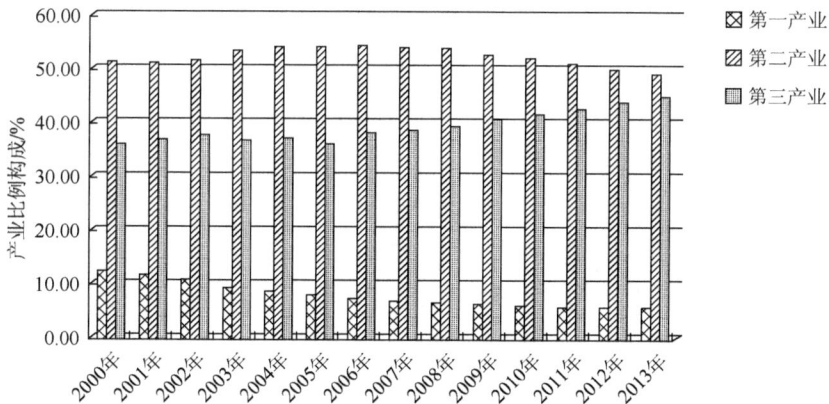

图 2-6　长江三角洲地区历年产业结构变化

二、长江三角洲区域所处的发展阶段判断

对于区域发展阶段的划分，钱纳里曾有过相应的研究，他利用回归方程建立

了 GDP 市场占有率模型，提出了标准产业结构，即根据人均 GDP，将不发达经济到成熟工业经济整个变化过程划分为三个阶段六个时期。三个阶段为前工业化阶段、工业化阶段和后工业化阶段。前工业化阶段分为两个时期：第一时期是不发达经济阶段，产业结构以农业为主；第二时期是工业化初期阶段，产业结构由以农业为主的传统结构逐步向以现代化工业为主的工业化结构转变。工业化阶段也分成两个时期：第一时期是工业化中期阶段，制造业内部由轻型工业的迅速增长转向重型工业的迅速增长，这一时期产业大部分属于资本密集型产业；第二时期是工业化后期阶段，在第一产业、第二产业协调发展的同时，第三产业开始由平稳增长转入持续高速增长，并成为区域经济增长的主要力量。后工业化也分成两个时期：第一时期是后工业化社会，制造业内部结构由资本密集型产业为主导向以技术密集型产业为主导转换，技术密集型产业的迅速发展是这一时期的主要特征；第二时期是现代化社会，第三产业开始分化，知识密集型产业开始从服务业中分离出来（表 2-1）。

表 2-1　工业化不同阶段的标志值

基本指标	前工业化阶段	工业化阶段			后工业化阶段	
	初级产品阶段	工业化初期	工业化中期	工业化后期	发达经济初级阶段	发达经济高级阶段
人均 GDP/美元	853～1 706	1 706～3 382	3 382～6 824	6 824～12 796	12 796～20 473	20 473～32 412
三次产业结构	A＞I	A＞20% A＜I	A＜20% I＞S	A＜10% I＞S	A＜10% I＜S	
城市化率	30%以下	30%～50%	50%～60%	60%～75%	75%以上	

资料来源：根据钱纳里工业化阶段理论整理得出
注：A、I 和 S 分别代表第一产业、第二产业和第三产业所占的比例

在 2013 年，长江三角洲区域的人均 GDP 达到 13 175 美元，城市化率达到了64.27%，三次产业结构中，第一产业低于 10%，第二产业的比例仍然大于第三产业的比例。综合考虑后可知，长江三角洲区域仍处于工业化阶段并且达到了工业化的后期。从发展趋势来看，长江三角洲区域目前处于一个从工业化后期往后工业化发展的阶段。

三、水害对长江三角洲区域宏观经济与产业发展的影响预判

从前文分析可知，长江三角洲区域目前处于从区域发展中期向区域发展后期过渡的阶段。相对而言，此阶段区域的水利基础设施趋于完善，因此对于长江三角洲区域而言，水害的损失将呈现逐步下降的趋势，完善的水利基础设施将使得区域抵抗水害的能力增强，即水害的损失降低，水利活动的收益增加。

但随着产业结构的转变和区域的发展，水害的主导模式也会随之改变。一方面，在区域发展初期，区域的产业结构以第一产业和第二产业为主，当水害来临时，对第一和第二产业的冲击最为显著。但由于长江三角洲区域产业结构转变的缘故，未来的水害冲击会给第二和第三产业带来更为严重的损失。

另一方面，由于水利基础设施的大量兴建，相应洪灾和旱灾的水害活动将会逐渐降低其影响力，但由于产业的快速发展和人口的高度集中，区域中水环境的污染与水生态的破坏将逐渐频繁，未来长江三角洲区域的水害将更多以水污染和水生态破坏的方式呈现。因此，有必要根据区域宏观经济和产业发展的趋势采取相应的预防措施。同时，水害与水利活动的综合作用需充分考虑区域发展的阶段，做出更为精确的测算与评估。

第三章　水害间接经济影响评估模型选择

第一节　实证研究的目的与模型选择

迅速合理地估计水害对社会经济发展造成的影响，对于及时抢险救灾，减少经济损失，做好水害防灾减灾工作的重要性是不言而喻的。然而，仅用直接经济影响来量度水害的经济影响是不充分的。目前，水害所造成的物质形态的直接经济影响比较容易评估，但水害对社会经济所产生的间接影响却是多方面的，如水害可能使某些基础设施（交通、供电）受损，造成某些部门生产能力下降，从而导致产品供给能力不足，产业部门经济损失；水害也可能引起对基础产品及生活产品的需求下降，从而导致某些部门生产能力的剩余，造成产能过剩而影响经济增长速度。因此，水害在某些产业部门造成的直接经济影响可能会在整个国民经济系统内进一步传导，从而引起更大的影响。

研究水害对国民经济的最终影响，不但需要准确评估水害的直接影响状况，而且需要在此基础上测算其造成的间接影响。准确评价水害的间接经济影响，特别是重大自然灾害的影响评估，对国民经济发展调整具有重要的参考价值。

首先，影响评估可以为水害防灾减灾的投入提供成本效益分析。随着现代社会经济的迅猛发展，人与自然环境及资源的关系日益紧张，灾害危害的严峻性也使政府企业和家庭对减灾行动越来越重视，但减灾投入受地方政府财力、不同主体（政府、企业和个人）的经济利益及国家重视程度等因素的影响，如何合理布置减灾投入力度才能更经济，不同减灾投入幅度下的灾害影响评估情景分析可以为不同的主体参与减灾活动提供参考。

其次，从国家和地方政府宏观层面来说，水害影响评估工作是制定水害防灾救灾规划和具体安排防灾救灾措施的基础，是政府有关部门合理安排筹措救灾资金、布局灾害发生后的灾区恢复重建规划，以及分配政府救灾资金的一种强有力的辅助手段。综合水害风险防范需要科学应急技术和风险管理技术的支撑，而间接经济影响评估可以为地区水害风险防范提供技术支持，为经济长期可持续发展及水害防灾减灾规划优化提供决策工具。

为此，本书将以我国经济发达、水问题突出的长江三角洲流域为案例区，在水害经济学理论的基础上，通过明确水害间接经济影响的经济学内涵、作用机理和传导机制，建立科学的水害影响评估模型方法体系，针对长江三角洲流域近年水害直接经济影响的数据，定量化评估长江三角洲流域水害的间接经济影响。因此，模型选择必须满足对多区域、多部门进行整体分析的要求。

水害间接经济影响评估的目的是能够快速简单地评估水害隐含的间接经济影响。本书希望通过案例分析能够构建一个简单且能直接应用于实践中的模型，为减灾救灾决策提供简便、快速、有用的科学工具。

第二节　灾害间接经济影响评估的方法比较

测算灾害间接经济影响的模型方法主要包括生产函数模型、投入产出模型、计量经济模型、CGE 模型、系统动力学模型、社会核算矩阵模型等[28]。但至今为止，使用最为广泛的仍然是投入产出模型、社会核算矩阵模型和 CGE 模型三类宏观经济模型[29]。

一、投入产出模型

投入产出法是研究和分析国民经济各部门间产品生产与消耗之间的数量依存关系的方法，通过把某个时期一个国家或区域内各行业生产所需的投入和产出去向（物质产品和劳务）排成一张行业间纵横交叉、相互联系的表格（投入产出表），从而构建数学模型反映国民经济各部门生产环节的技术经济联系，开展经济分析、政策模拟及经济预测。投入产出法最早是由美籍俄国经济学华西里·列昂惕夫（Wassily Leontief）教授创立的，他在 1936 年发表的论文《美国经济制度中投入产出的数量关系》中首次论述了投入产出法，进而在 1941 年撰写的论著《美国经济结构》中详细地介绍了投入产出法的基本内容，而后在 1953 年出版的另一部论著《美国经济结构研究》中对投入产出法的基本原理、结构和实践进行了详细的阐述[30]。投入产出模型能够反映国民经济部门的相关技术联系，因此自然灾害对经济部门造成严重损害后，可以通过投入产出模型快速分析由受损经济部门导致的上下游经济部门的间接经济损失。

采用投入产出模型分析地质灾害经济影响的研究最早发表在 1972 年，Cochrane 等通过构建区域投入产出模型，模拟美国旧金山再次发生类似 1906 年那次 8 级地震将导致的经济损害。他们的研究结果显示，地震如果再次发生，将导致经济损失 130 亿美元，大约有 25 万人失业，对旧金山经济将产生深刻影响[31]。随后，Romanoff 等对投入产出模型进行了优化，构建了时间序列关联模型（sequential interindustry model，SIM）模型，该模型通过多时间段的经济数据带入，将一般的静态投入产出模型改造成了动态模型，从而可以分析地震灾害造成的经济影响在短期内的变化情况[32]。而 Okuyama 等同样也采用上述构建的 SIM 模型模拟了 1995 年日本神户地震对周边区域乃至日本全国的经济影响[33]。另外，运用投入产出模型分析自然灾害的经济损失的研究也不断增加[34-36]。20 世纪 90 年代，美国联邦紧急事务管理局（The Federal Emergency Management Agency，FEMA）基于投入产出模型和地理信息系统（geographic information system，GIS）开发了一套地震灾害经济损失的评估软件系统，该系统不仅能够评估地震灾害的经济影响，还可以评估飓风、龙卷风、水灾的经济损失测算，是自然灾害评估标准化应用的典型案例①。

从国内情况来看，武靖源等较早构建了用于评估灾害间接影响的多区域投入产出多目标优化模型，针对洪灾建立了多种约束情况间接停减产损失、产品积压损失、投资溢价损失的计量方法[37]。许嵩龄以中国 20 世纪 90 年代的水旱灾害为例，利用投入产出模型计算了该期间的平均年度产业关联型间接经济损失及经济损失总值[9]。吴吉东对各种评估模型进行了比较和评价[6]，认为当前还没有有效的灾害间接经济损失评估方法，已有的间接经济损失评估方法明显存在不足。因此，在进行灾害损失评估时应注意灾害对经济影响的动态机理，结合不同灾害类型对

---

① 见网址 http://www.fema.gov/hazus/。

经济影响的特点和当地的经济发展状况，合理设置相关参数，使模型更切合实际，从而更合理有效地评估灾害造成的间接损失。丁先军等分别采用 Hallegatte 构建的 ARIO 模型[38]对汶川地震的经济损失进行了评估[39-40]。他们认为，该模型克服了传统投入产出模型生产结构不变的约束，同时也避免了 CGE 模型过度优化社会资源的现象。其他学者也均使用投入产出模型对灾害评估进行了相关研究[41-44]。

二、社会核算矩阵模型

社会核算矩阵是一种描述经济系统运行的、矩阵式的、以单式记账形式反映复式记账内容的经济核算表。社会核算矩阵表通过行记录收入，列记录支出，将描述生产的投入产出表与国民收入和生产账户结合在一起，全面地刻画了经济系统中生产创造收入、收入引致需求、需求导致生产的经济循环过程，清楚地描述了特定年份一个国家或地区的经济结构和社会结构。社会核算矩阵理论的研究自 20 世纪 60 年代以来得到了快速发展。世界上第一个公认的严格意义的社会核算矩阵表是由 Richard Stone 教授和他的研究团队在 20 世纪 60 年代为英国建立的。随后在世界银行的大力推动下，已有 50 多个国家先后建立了它们的社会核算矩阵表，分别用于投入产出分析、税收分析、收入分配分析、地区发展分析等。Stone 教授也因此赢得了 1984 年的诺贝尔经济学奖。

与投入产出模型类似，社会核算矩阵同样可以通过构建模型分析自然灾害发生后对经济系统的影响。并且，社会核算矩阵不但可以分析自然灾害对生产过程的影响，同时可以分析对税收、收入分配及政府的影响。Sam Cole 教授利用社会核算矩阵开展了相关研究，以加勒比海一个小岛为例构建社会核算矩阵，用于评估受到自然灾害时以及灾后经济恢复政策实施的经济影响。

Cole 教授构建的模型基本公式是

$$\Delta X = (I - A)^{-1} \Delta Y \qquad (3\text{-}1)$$

其中，ΔY 表示自然灾害导致的居民收入变化量行业向量，ΔX 表示灾害导致的地区行业就业变化量，$(I-A)^{-1}$ 表示完全消耗系数，用于测算行业间的复杂传导过程。

另外，由于涉及自然灾害发生后的重建政策措施实施具有一定滞后性，在上述模型中引入了时间变量，式（3-1）变为

$$\Delta X(T) = (I - A(T))^{-1} \Delta Y(T) \tag{3-2}$$

基于上面公式，可以测算自然灾害发生后对区域就业、收入、税收、政府等内容的影响[46-48]。另外，社会核算矩阵表除了可以开展对灾害的直接模拟，更多的是作为 CGE 模型的输入数据开展影响分析。

三、CGE 模型

CGE 模型是根据一般均衡理论发展起来的，主要用于描述现实经济结构和经济运行方式，模拟经济运行中生产者、消费者、政府等经济主体在各自预算约束下追求效用最大化的经济行为，并在市场机制下最终达到各市场的均衡（图 3-1）。CGE 模型是以某个年份的实际经济发展水平为基础，根据厂商、消费者、政府的最优化决策，在一般均衡的理论框架下推导出下一时期的经济发展状况，因此，CGE 模型对数据的要求比较高，一般先采用社会核算矩阵对模型的外生变量参数进行赋值，然后借助于计算机技术求解。CGE 模型可以克服计量模型及投入产出模型的线性、缺少行为背景、缺乏数量价格的交互作用，以及忽略资源约束等不足，而且它不仅能分析产业，还能分析个人和政府决策[49]。

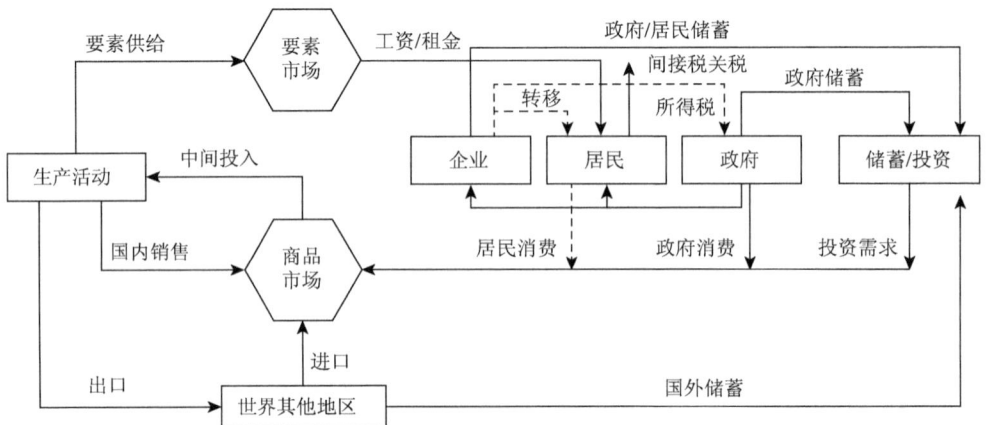

图 3-1 CGE 模型内在经济学逻辑

资料来源：邓祥征. 环境 CGE 模型及应用[M]. 北京：科学出版社，2011

使用 CGE 模型开展灾害经济学的研究最早在 1972 年，当时位于美国国防部研究所的 James McGill 构建了一个名为 MEUVNS 的模型系统，用于定量化评估灾害对国民经济的冲击程度[50]。随后，1984 年，Cochrane 和 Harold 采用 CGE 模型对自然灾害的经济损失开展模拟[51]。莫纳什大学的 Narayan 构建了太平洋岛国斐济的 CGE 模型，分析飓风对斐济基础设施、农业、工业造成的直接损失，如何带来间接的短期宏观影响，研究表明，飓风将对斐济私人收入、消费、储蓄、GDP 及福利等指标造成显著负面影响[52]。宾夕法尼亚州立大学的 Rose 和阿肯色州立大学的 Guha 通过构建 22 个生产部门的 CGE 模型，分析地震灾害导致电力设施损害对田纳西州谢尔比县的直接和间接经济损失影响[46]。随后，他们进一步采用 CGE 模型分析了地震灾害造成供水系统中断对美国波特兰地区经济造成的影响[47]。美国密苏里大学的 Tirasirichai 和塔尔莎大学的 Enke 通过构建基于 CGE 模型的灾害间接影响评估框架，以圣路易斯都市区为案例，模拟了由于地震导致高速路桥梁损害对城市区域造成的间接经济损失。研究结果表明，地震灾害造成的间接经济损害要远大于直接损害[48]。

从国内情况来看，国内学者使用 CGE 模型分析灾害的间接影响都研究得较晚。其中，最早的是复旦大学的张显东和梅广清于 1999 年构建了一个两要素多部门模型的简化 CGE 模型，用于分析自然灾害对经济系统的影响[53]，他们认为自然灾害是通过生产能力下降、产成品损失、消费品损失三条路径来影响经济的。但该模型过于简化，许多因素，如政府的作用、资本的形成过程、货币的供求、进出口等没有考虑在内。随后直到 2012 年才有学者发表相关研究成果，如曹玮和肖皓以湖南省 CGE 模型为基础，通过建立农业损失、电力损失和交通损失的传导机制，对 2008 年的湖南冰雪灾害进行了实证分析[54]。解伟等以 2008 年南方雨雪冰冻灾害为例，基于改进的 CGE 模型评估交通中断对湖南省的间接经济影响。他们的研究结果显示，由于产业之间相互关联，简单叠加各产业单独破坏造成的经济损失，往往夸大整个行业同时破坏造成的经济损失[55]。王兆坤将电力行业损失和用户停电的直接经济损失作为外生冲击，运用 CGE 模型对洪涝灾害停电的间接经济损失进行估算[56]。

四、不同模型之间优缺点比较

国内外很多研究者都对投入产出模型、社会核算矩阵模型及 CGE 模型三个模型开展了比较分析，如 Okuyama[29]、吴吉东[6]、孙慧娜[57]等。例如，孙慧娜根据计算结果详尽程度、精确度、模型适用性及数据需求等方面对三个模型进行了比较[57]。

（1）计算结果的详尽程度。投入产出模型、社会核算矩阵模型和 CGE 模型能够计算灾害对经济造成的波及效应和连锁反应，且间接经济影响具体到各部门，便于进行部门间和区域间的分析和对比。社会核算矩阵模型和 CGE 模型研究的对象甚至具体到各经济主体，将生产、消费、政府支出、税收、进出口等问题全部考虑在内，能更深入地测算灾害所带来的影响效应。

（2）结果的精确程度。对于生产函数模型、投入产出模型、社会核算矩阵模型和 CGE 模型来说，均无法对模型的可靠程度进行统计检验，因此就无从评价其精确程度。经验表明，投入产出模型对经济系统弹性考虑不足（刚性反应），往往会导致对灾害经济影响的高估；而 CGE 模型有过度弹性的问题，则会造成对灾害经济影响的低估。

（3）模型的适用性。投入产出模型只能是线性模型，且具有诸多假设前提，特别是要求受灾前后的经济体运行模式保持不变，这与现实不符；而且，其只能进行短期研究，因此不能反映自然灾害的动态影响特征。CGE 模型是基于社会核算矩阵进行分析的，因此它兼具社会核算矩阵的优缺点，不受制于过多约束条件，可以构建非线性模型，同时能反映价格变动，突出了市场的重要性，适用范围较广。社会核算矩阵模型在分析中往往需要固定的比例系数，对非线性、变系数情况的处理仍缺乏有效的手段；而 CGE 模型需要大量的外在参数，外在参数的准确程度对 CGE 模型有至关重要的作用。

（4）对基础数据的要求。在三个模型中，投入产出模型需要的数据量最小，形式也最为简单，只要有投入产出表就能构建投入产出模型；而社会核算矩阵模型和 CGE 模型需要海关、金融等方面的数据，有时还需要进行估算。由于数据的缺失，在编制社会核算矩阵方面有一定的难度，特别是难以编制地区社会核算矩阵。虽然社会核算矩阵模型和 CGE 模型具有多个方面的优势，但是由于基础数据的可得性、外在参数的估计等问题，在实践运用中困难较大。三个模型间的优缺点详见表 3-1。

表 3-1　灾害间接经济影响不同模型之间优缺点比较分析

方法名称	优点	缺点
投入产出模型	（1）反映经济流的交互作用，易理解 （2）计算灾害对经济造成的扰动产生的连锁反应和波及效应 （3）部门损失清晰	（1）属局部均衡模型，仅能反馈部分经济影响，模型线性关系与实际经济情况有偏差，结果存在显著误差 （2）不能/很难估计价格变化造成的影响 （3）基于诸多假设，如假定灾后部门之间的产品交换和灾前的模式 （4）只是从需求方估计灾害的影响，且是线性模型
CGE 模型	（1）非线性，更贴切地反映真实的世界 （2）模型的方程框架可以明确考虑到灾后的生产替代和价格弹性问题，反映了经济的恢复力 （3）不同部门的替代和价格弹性及技术水平可以不同（方程嵌套） （4）考虑经济系统供给和需求方生产力水平、就业等更广泛的影响	（1）经济弹性考虑不足，模型估计的损失值可能过大 （2）消费者和生产者的优化方案问题上存在争议 （3）校准需要从外部获得弹性值，所以区域 CGE 模型依赖于国家和国际研究的弹性，此弹性可能无可比性 （4）大多数 CGE 模型适于长期均衡分析（模型建立在充分的投入和进口替代弹性上，并无限制的调整至均衡） （5）CGE 校准不足常常导致过度的弹性响应，从而低估灾害对经济影响，使灾害损失计算的结果偏低
社会核算矩阵模型	是对投入产出模型的扩展，能够反映不同主体的转移支付	是投入产出模型与 CGE 模型的中间过渡模型，实际中一般作为 CGE 模型数据基础

注：本表格部分内容参考文献[6]

第三节　选择多区域 CGE 模型的必要性

一、CGE 模型对水害的影响分析更为细致与真实

目前，在测算灾害间接影响的方法上，投入产出模型由于结构简单，计算方便，在灾害间接影响评估中应用最早也最为广泛。但其同样存在线性模拟、缺乏行为响应、市场价格缺失等缺点，使得灾害影响评估结果存在偏差。而 CGE 模型不仅充分考虑了各行为主体的经济行为，如价格关系、供需关系、商品要素的替代关系等，而且能够完美地刻画出部门效果和产业之间的关系，进而科学地评估灾害造成的综合影响，为自然灾害影响和政策响应分析提供了一个很好的框架。

随着 CGE 技术的不断发展和完善，国内外学者逐渐将其应用到洪灾、飓风、地震、极端天气等灾害影响的评估中。

二、多区域 CGE 模型能够刻画长江三角洲流域内各行政区的特征

一般来说，水害发生的空间范围主要以地表水系的流域边界为主，其与传统行政边界并不完全统一。流域内有可能存在多个不同层次的行政区域。这些行政区本身经济结构差异明显，并且经济结构和区域分工不同，对水害的冲击也将呈现不同的经济反馈，区域经济关联必然将引起水灾影响的区域溢出效应。尤其是我们的案例研究区——长江三角洲区域，更是位于我国经济最发达、区域一体化程度最高的长江三角洲经济区。长江三角洲区域内城市之间产业分工和经济关联密切（见附录部分附表一），区域内任意城市的经济波动都将通过密切的产业链关系传导到周边其他城市。从这个角度来考虑，仅采用单区域或单流域 CGE 模型分析区域水害的间接影响，将无法细致体现上述流域内各区域间的经济传导机制。

因此，构建单流域多区域 CGE 模型来反映流域内部各行政区之间的经济关联影响情况，更加有益于了解水害的经济影响在流域内外的影响。基于以上原因，本书将建立包含长江三角洲流域内浙江、江苏、上海三个省份及两个其他地区①共五个地区的区域 CGE 模型，模拟 2011 年长江三角洲流域水害对长江三角洲区域内部地区的间接经济影响，更加细致地勾勒出水害在长江三角洲流域内部的传导机制和区域特征，为长江三角洲流域开展全面影响评估和救灾政策提供科学的决策支持。

---

① 三个省份不包含在长江三角洲流域内的苏浙沪其他地区和除三个省份外的中国其他地区，分别简称苏浙沪其他地区和全国其他。

第四章　水害间接经济影响可计算一般均衡模型构建

第一节　水害间接影响的一般均衡原理分析

一、一般均衡中的水害间接经济影响

根据前文可知，直接影响是由于灾害直接造成的产品（产业）和居民财产的损失，该损失是可以直接观测或直接度量的，通常可以通过实地调查统计等手段获取其直接影响的大小变化。间接影响是在总的影响中扣除直接影响的部分（余量）。水害引起的宏观经济影响十分复杂，不但存在第一轮影响（溢出效应），还存在第二轮影响（反馈效应）；不但存在正向反馈，还存在负向反馈；不但存在产业间的拉动，还存在价格信号的传递；不但要考虑局部均衡影响，还要分析一般均衡影响。以农业部门为例，第一，假设水灾发生将直接导致农业的产出下降，由于供给短缺诱发农产品价格上涨，进而导致下游行业对农产品的需求减少，使其产出进一步下降（负面影响）；第二，农业是劳动密集型行业，产出下降会导致劳动力的工资下降，对于其他使用劳动力的行业会有一个正面的影响，从而可能会增加农产品的需求（正面影响）；第三，由于农产品的价格上涨导致整个经济的物价上涨，引发居民的消费需求下降，最终降低农产品的消费（负面影响）。

一般来说，灾害的直接影响和总的影响都是可以观测的，但是间接影响通常是很难观测的。所以，如果想要估计其间接影响，必须通过经济学模型测算其总影响（事后观测），然后扣除由直接调查法计算出来的直接影响，从而得到灾害的间接影响。

二、水害间接经济影响的一般均衡原理

宏观经济的一般均衡理论认为，经济系统各部分都存在紧密联系，犹如一张巨大的蜘蛛网，处于一种均衡状态，如图 4-1 所示。而任何经济事件冲击（如水害冲击）都将打破区域经济均衡状态，并在行业间及经济主体间通过价格变

动调控商品和要素的供需机制，将冲击传导到任何经济变量中，直到价格变动结束，供需对冲相等后，经济体重归均衡状态。但新均衡状态已经由于冲击事件导致各指标发生了相应的变化，这就是水害间接经济影响的一般均衡原理。

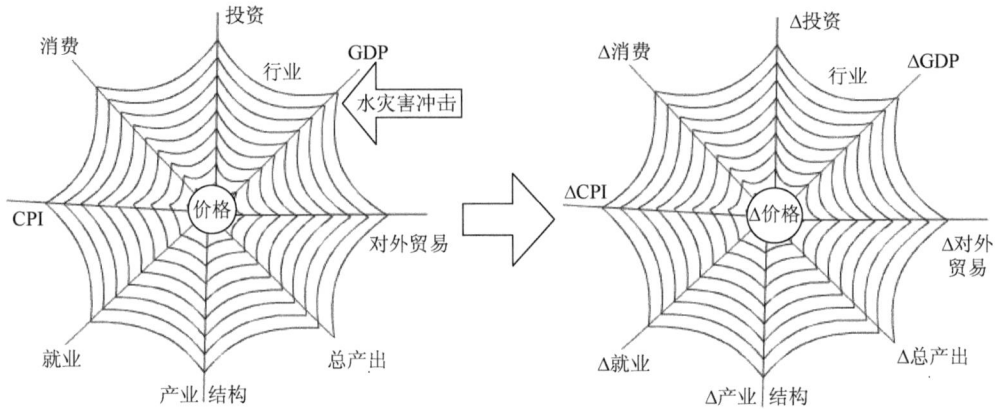

图 4-1　水害冲击在经济系统示意图

具体到本书中，由于长江三角洲流域内存在多个行政单元，水害类型也分为洪灾、旱灾、水污染等类型，水害首先对农业、工业、服务业造成直接经济损失，并通过国民经济产业关联体系，以价格变动为导体传导到区域内外部经济系统各方面，包括GDP、产业结构、进出口贸易、居民福利及就业等。另外，这种间接经济影响不仅发生在长江三角洲流域内部，还通过区域间经济联系传导到长江三角洲流域外部（图4-2）。

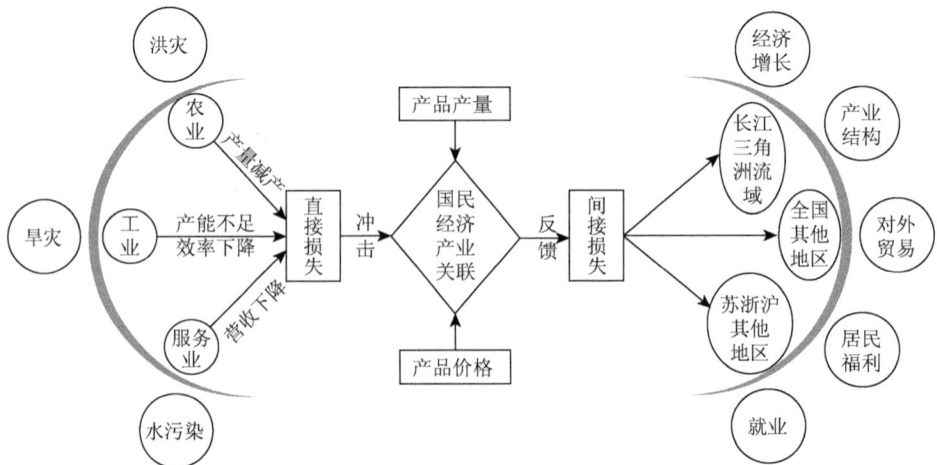

图 4-2　水害间接影响的一般均衡研究路径和原理概念图

那么,水害如何通过直接损失影响整个经济系统,并造成经济上的间接影响?其传导路径是什么样的?这是我们研究的重点。如图 4-3 所示,一般情况下三种类型水害的直接影响对象并非完全相同,结合长江三角洲流域的特征,我们需要分析其影响路径。

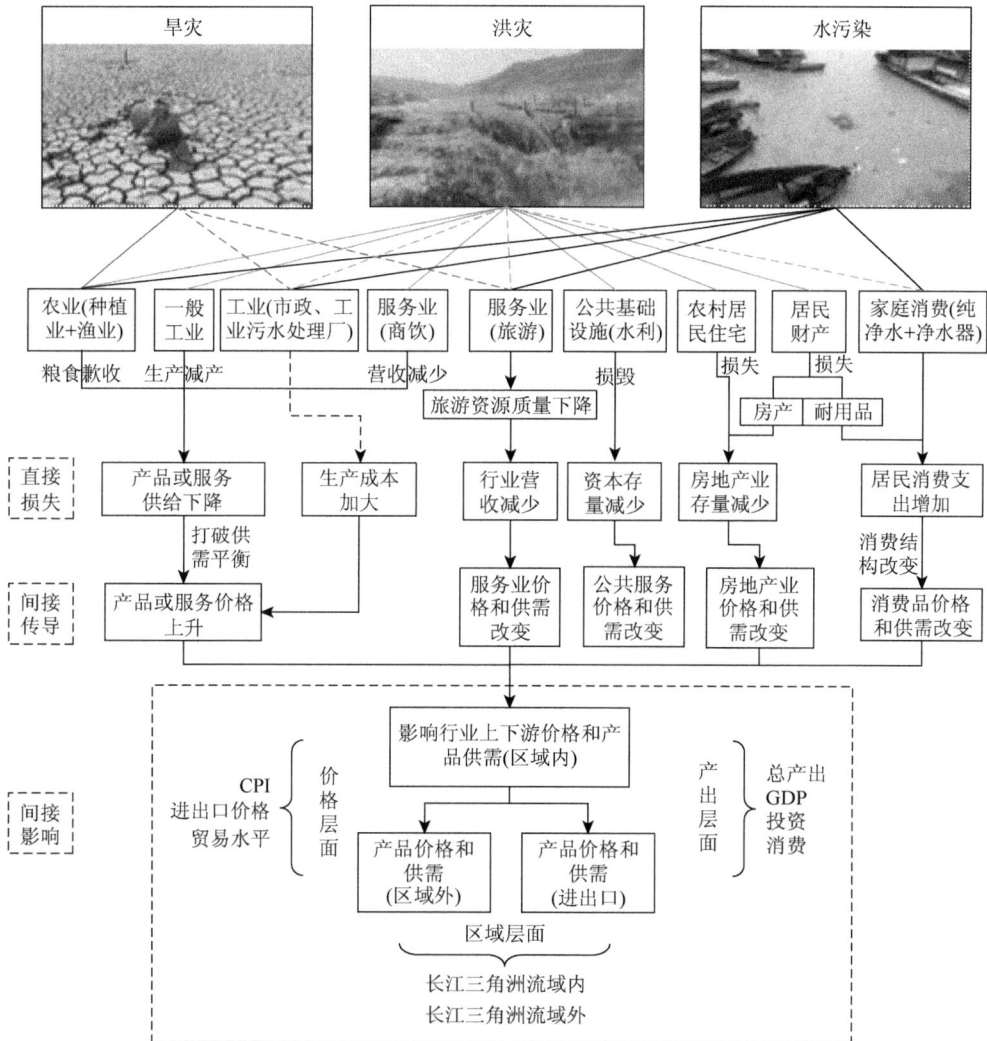

图 4-3　三类水害间接影响的一般均衡作用原理及传导路径

旱灾主要影响到农业（包括种植业、渔业）的收成,造成农产品歉收,相当于农产品的供给下降，进而打破本来的供需平衡造成农产品价格上涨，并间接影响到区域内上下游行业的价格和供需平衡（如下游农副食品加工业、上游化肥生产业等），而这些行业再通过价格和产量影响居民消费、投资及区域外地区经济。

洪灾的直接影响表现在引起农业歉收、工业减产、商饮服务业营收减少、损坏水利等基础设施、农村居民住宅及财产受损等。其中，农业影响机理与旱灾基本一致。工业减产将导致工业产品供给减少，价格上涨；服务业营收减少将导致服务业的供给减少，价格上涨；房屋财产损失同样会影响房地产业和耐用消费品的价格和供需。这些影响最终将通过产业关联影响到其他行业和区域外部经济。

水污染灾害的直接影响表现在对农业、旅游业、污水治理工业及居民消费造成的损失。其中，水污染将导致污水治理行业的生产成本增加，并影响供水价格；降低旅游资源质量，减少旅游业营收；增加居民对桶装水和净水器具的消费，影响居民消费结构。上述直接影响同样会通过产业关联影响到其他行业和区域。

总之，三类水害都将对经济产生间接经济影响。基于 CGE 模型的水害间接经济影响测算指标主要包含三个层面：在产出层面，主要包括各行业 GDP、总产出、消费和投资等测算指标；在价格层面，主要包括消费价格指数（consumer price index，CPI）、进出口价格等；在区域层面，既包含对长江三角洲流域整体的经济影响，还包括长江三角洲流域内部包含的三个省市的经济影响，同时通过区域间的贸易关联作用，还可以测算水害对苏浙沪其他地区及全国其他地区的间接影响。

三、CGE 模型中水害直接影响的引入机制

如何将上述作用机理中的直接影响引入 CGE 模型中是本书涉及的关键技术问题。如图 4-4 所示，三种类型水害将分别从增加值损失、固定资产损失、成本

增加、消费增加等角度造成直接影响。其中，行业产量下降可以理解为水害的影响使得行业既定的投入要素只能生产更少的产品，造成行业生产效率的下降，因此，引入 CGE 模型时，可以冲击行业的全要素产生率变量来反映增加值影响；水害造成水利设施、居民住房等直接损失可以认为是固定资产的减少，因此，可以冲击行业资本存量来反映固定资产影响；水污染造成污水处理和水生产行业在生产过程中投入更多成本，要反映这种损失可以通过假设提高生产税率来实现；水污染造成居民桶装水和净水装置的消费支出增加，因此，可以冲击居民消费支出变量实现。需要注意的是，在本书中所采用的 CGE 模型中，以上所有冲击类型需要将直接影响绝对值转换为百分比变量。

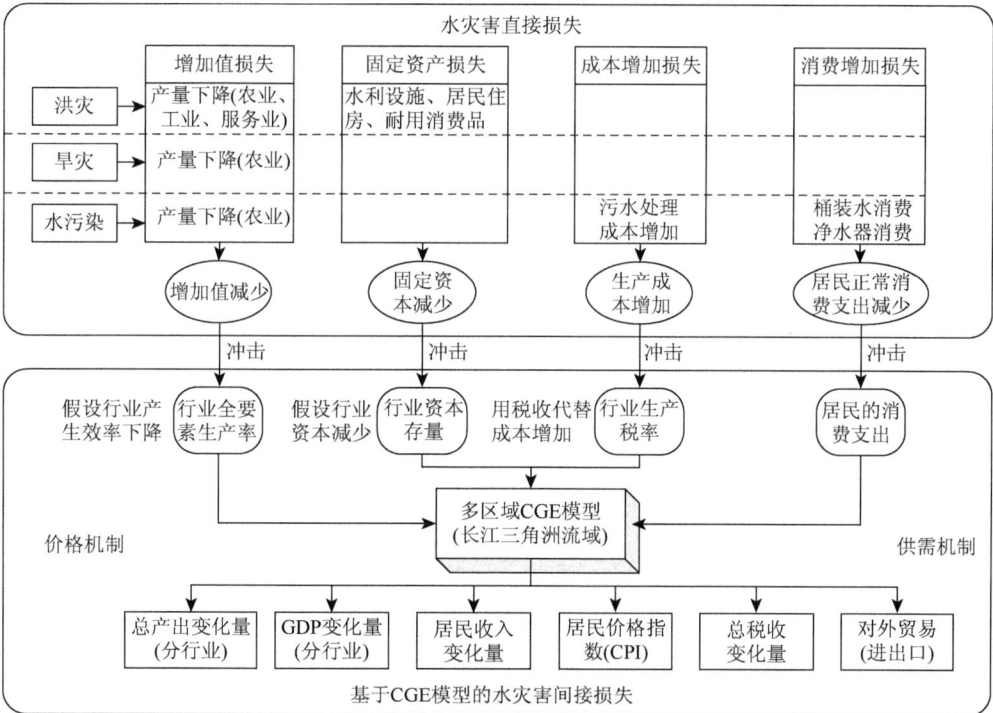

图 4-4　基于 CGE 模型的水害间接影响测算通用技术路线

第二节　"自下而上"多区域 CGE 模型介绍

本书所使用的中国多区域 CGE 模型是基于澳大利亚 Monash 大学 Cops 中心

的 TERM 模型①基础上的扩展开发。该模型是自下而上结构的多区域 CGE 模型，它将每个省都作为一个单独的经济体，通过省间的贸易、投资和劳动力流动将区域间的经济活动有机地连接起来。与通常的自上而下结构的区域模型相比，该模型不但能分析区域需求侧的冲击，还能模拟区域供给侧的冲击。与传统自下而上区域间模型不同的是，TERM 模型允许区域转口的现象存在。也就是说，一个省份的直接进口并不意味着是在这个省份的最终使用，同样，一个省份的出口不一定来自本省的生产，也有可能来自其他省份。另外一个特点是，该模型数据库的构建完全采用自动化程序，可以实现灵活的区域和部门的加总。

一、TERM 数据结构

图 4-5 表示 TERM 模型的投入产出数据库，它揭示了模型的基本结构。其中，长方形表示价值量的矩阵。核心矩阵（存储在数据库中的）是加粗字体；其他矩阵可以通过核心矩阵计算得到。矩阵的维度是通过（C，S，I，M 等）表示的，相应的设定如表 4-1 所示。

表 4-1　TERM 模型的集合定义

代号	数据集名称	解释	大小
s	SRC	商品来源（国内，进口）	2
c	COM	商品	40
m	MAR	流通商品（贸易，公路，铁路，水运）	4
i	IND	行业	40
o	OCC	不同技能的劳动力	8
d	DST	使用商品的区域	30
r	ORG	生产商品的区域	30
p	PRD	提供流通商品的区域	30
f	FINDEM	最终消费者（HOU，INV，GOV，EXP）	4
u	USER	Users=IND 或 FINDEM	44

① 标准 TERM 模型是由澳大利亚 Monash 大学 Cops 中心的 Mark Horridge 教授和 Glyn Wittwer 教授共同开发和研制的区域间 CGE 模型。与 MMRF 模型相比，TERM 模型数据库构建更加方便，而且求解速度更快，所以在世界很多地区都得到广泛应用。目前，TERM 模型已经开发出了不同国别的版本，其中包括巴西、芬兰、中国、印度尼西亚、南非、波兰和日本。

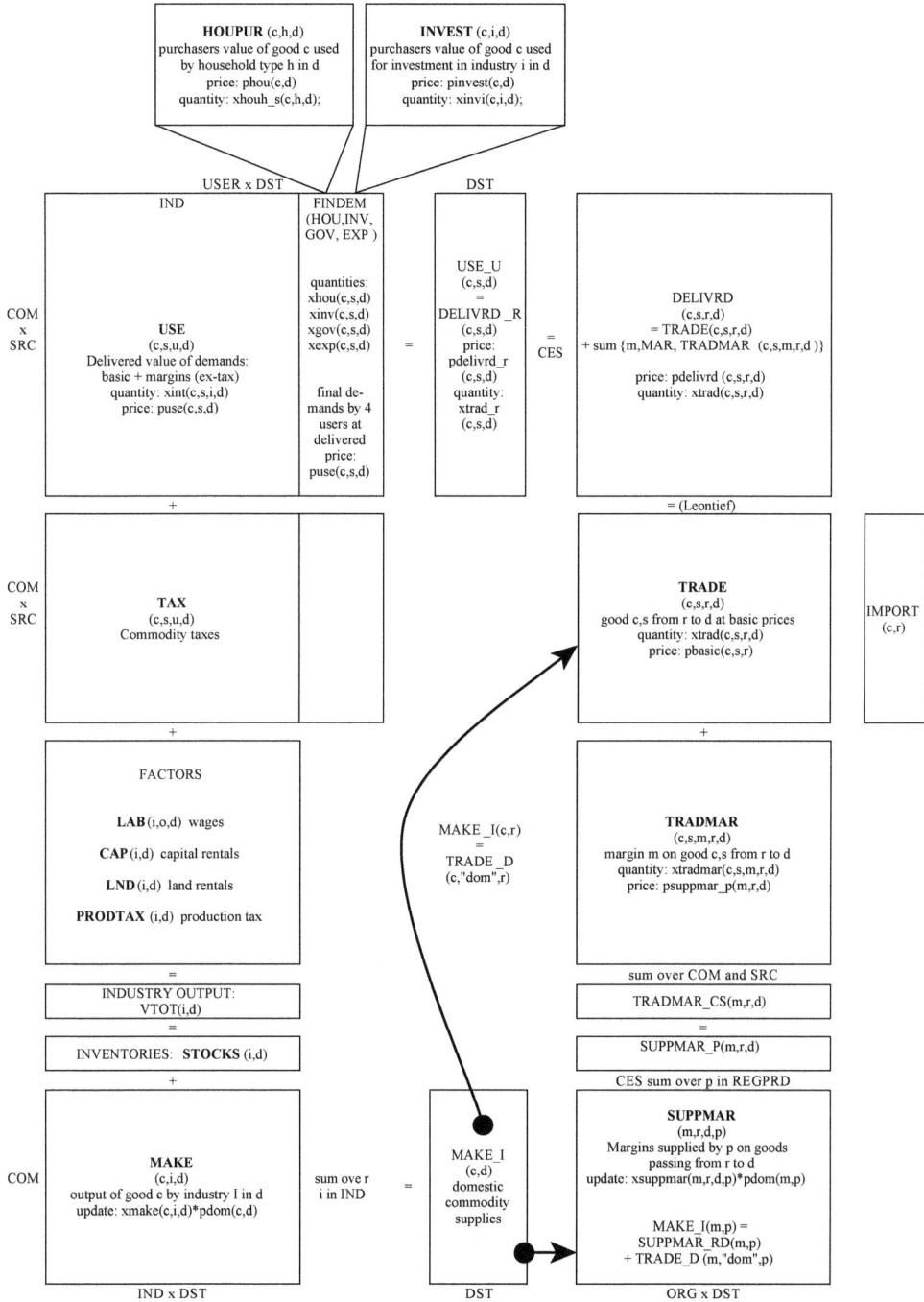

图 4-5　TERM 模型数据库结构

资料来源：Horridge M, Madden J, Wittwer G. Using a highly disaggregated multi-regional single-country model to analyse the impacts of the 2002-03 drought on Australia[R]. Melbourne:Centre of Policy Studies Working Papers, 2003

DST，ORG 和 PRD 实际上是相同的数据集（set），一般根据模型的具体需要进行赋值。

图 4-5 的矩阵通过三种方式展示了数据库的价值：①基本价格=产出价格（国产品）或到岸价格（进口品）；②交付价值=基本价值+流通费用；③Purchase 购买价值=基本价值+流通费用+税费。

图 4-5 左边的矩阵类似传统的（对每个区域）单个区域的投入产出数据库。例如，左上的 USE 矩阵展示了每种产品的需求值（c 代表 COM），对应每个目的地区域（DST）的每个使用者（USER，由行业 IND 和四个最终需求者组成，需求者为家庭（HOU）、投资（INV）、政府（GOV）和出口（EXP）），国内的或是进口的（s 代表 SRC）产品需求值。一些典型的 USE 矩阵元素为：USE（"wool""dom""textiles""north"）——北部地区纺织业生产需要的国内羊毛；USE（"food""imp""hou""west"）——西部地区家庭消费的进口食品；USE（"meat""dom""exp""north"）——北部地区港口出口的国内肉制品，其中，一些出口可能是另一个区域的生产；USE（"meat""imp""exp""north"）——进口的肉制品从北部港口出口（转口）。

TERM 数据结构允许转口的现象（理论上来说）。所有 USE 矩阵的价值都是"delivered"，它们包括任何贸易或运送到使用者所需的流通费用（margin）。同样注意，USE 矩阵不包含任何关于产品来源区域的信息。

TAX 商品税收矩阵包含的每个元素都对应 USE 中的一个元素。加上初级要素成本矩阵和生产税收矩阵后，它们组成每个区域行业的生产成本（或产出值）。

理论上来说，每个行业能够生产任何产品。图 4-5 下面的 MAKE 矩阵表示每个区域每个行业生产的每种产品产值。MAKE_I（按照行业（IND）把 MAKE 矩阵加总）表示在每个区域（DST）的每种产品（c 代表 COM）的总生产（总供给）。

TERM 对存货变化的处理相对简单。首先，进口存量的变化被忽略了。对于国内产出来说，将库存量变化作为行业（IND）产出的一个目的地（是指行业（IND）而不是产品（COM））。剩余的生产部分归入到 MAKE 矩阵中。

图 4-5 的右边表示区域来源机制。其中，关键的矩阵是 TRADE，它表示跨区域的每种商品的流动，具体是指国内或进口（s 代表 SRC）的某种产品（c 代表 COM），从来源地 r（代表 ORG）流向目的地 d（代表 DST）的贸易值。矩阵的对角线（r=d）表示来源地是本地的情况（自己供应自己）。对国外商品（s="imp"），区域来源的下标 r（代表 ORG）表示进口的港口。矩阵 IMPORT 是对 TRADE 中所有区域（DST 中的 d）进口部分的一个加总。

TRADMAR 矩阵是指 TRADE 矩阵中每种商品流通所需要的流通费用（margin）（m 代表 MAR）。将 TRADE 和 TRADMAR 矩阵加总得到 DELIVRD 矩阵，即所有区域之间商品流动的 delivered 值（basic+margin）。TRADMAR 矩阵也没有对 margin 的来源进行假设。

矩阵 SUPPMAR 表示 margin 的生产地 p（代表 PRD）。它没有产品下标 c（COM）和 s（SRC），这表明从 r 到 d 运输任何商品的 margin 需求，对于区域 p 来说生产是同比例的。将 SUPPMAR 矩阵按照 p（代表 PRD）求和得到 SUPPMAR_P（margin 产品的总供给），这与 TRADMAR_CS（将 TRADMAR 按照产品（COM）和来源（SRC）求和）相等。模型中 TRADMAR_CS 是 SUPPMAR 矩阵的 CES 加总：（对给定产品和路线的）margin 的需求主要取决于不同地区 p（代表 PRD）margin 产品的价格。

对于给定商品（c，s）和给定区域 d，TERM 模型假定的所有使用者具有相同的来源 r 矩阵。实际上，对每种商品（c，s）和每个使用区域 d，存在一个虚拟的经纪人决定 d 区域所有使用者的供给来源。来源是假定的阿明顿（armington）替代：矩阵 DELIVRD_R 是（在所有的来源区域中（ORG））DELIVRD 矩阵的一个 CES 组合。

TERM 模型数据库平衡的一个要求是：USE 使用者的加总 USE_U，应该等于 DELIVRD 矩阵区域来源的加总 DELIVRD_R。

剩下的是调节国内生产商品的供求关系。图 4-5 用箭头连接了 MAKE_I 矩阵和 TRADE 与 SUPPMAR 矩阵。对于非 Margin 产品，TRADE 矩阵（d 代表所有 DST 中）的国内部分加总必须等于产品供给的 MAKE_I 矩阵中的值。对于 margin

商品，我们必须同时考虑 margin 需求 SUPPMAR_RD 和直接需求 TRADE_D。

目前，在每个区域，TERM 模型只区分了四种不同的需求：①HOU——私人消费；②INV——投资；③GOV——政府支出；④EXP——出口。

出于应用的考虑，通常需要对投资进行行业分解。卫星账户矩阵 INVEST（下标 c 代表 COM，i 代表 IND，d 代表 DST）就是将加总的投资进行了行业分解。它能够使我们根据行业区分投资的产品构成。例如，我们预期农业投资比建筑业投资使用更多的机械（和更少的建设工程）。

同样，另一个卫星账户矩阵 HOUPUR 能够使我们依据不同的预算份额区分不同的居民类型。以上两个附加矩阵都有一个共同的假设，即进口/国内生产份额和产品税率在所有家庭（或投资）类型中都是相同的。例如，我们假设穷人与富人消费香烟的税率一样的，同样，国产和进口的香烟消费份额也是一样的。

图 4-5 中缺少一个账户，即要素收入和税收如何累加总到区域家庭和政府。我们可能需要这样的数据，即用它将 TERM 数据转化成完整的 SAM。澳大利亚版本的 TERM 典型地假设区域 A 产生的工资收入累加到区域 A 的家庭上，而资本收入归入到全国中，由各区域家庭共享。类似地，税收累加到国家政府上，然后经过国家政府分配给区域的家庭。如果 TERM 用在其他国家，那么这样的假设就可能不合适了。例如，在美国一些税收直接归州政府所有，而在华盛顿产生的工资收入很有可能由马里兰州或弗吉尼亚州的家庭使用。因此，TERM 的通用版本并没有统一默认设定，使用者必须根据每个国家的具体情况，在收入与支出之间构造他们自己的对应关系。他们的选择有也可能受所选区域详细程度的影响，如一些澳大利亚版本的 TERM 区分了 57 个"统计上划分的"区域，它们与行政区域并不完全一致，因此，在这些模型中没办法模拟区域政府收入。

二、TERM 方程系统

TERM 模型的方程与其他 CGE 模型中的方程大致类似。如图 4-6 所示，在一系列 CES"嵌套"假设的生产函数下，生产者在中间投入与初级要素投入之间选择成本最小化的组合。加总的初级要素和中间投入需求分别与行业产出呈同比例的变化（里昂惕夫假设）。加总的初级要素是资本、土地和劳动力加总的一个 CES 组合，其中劳动力加总本身是一个不同技术类型劳动力的 CES 嵌套组合。加总的中间投入也是不同产品组合的一个 CES 组合，其中，产品也同样是不同来源产品（国产品和进口品）的 CES 组合。行业生产通过 CET 机制转换成商品产出，而 CET 机制是通过图 4-5 中 MAKE 矩阵校准的。

三、TERM 来源机制

图 4-6 描述了 TERM 系统需求来源上的细节。虽然图例只包括单一区域（北部）、单一使用者（家庭）的单一产品（蔬菜）需求，对其他产品，使用者和区域也是一样的。图 4-6 中描述了一系列"嵌套"，说明了模型允许的不同替代可能性。在图 4-6 的左方，虚线方框上方是每层嵌套有关的流量值。这些流量值与图 4-5 中的都是一样的。同样，虚线方框下方是方流量值的价格（p…）和产量（x…）变量。这些变量的维度对模型实用性和计算操作性都是至关重要的。如图 4-6 所示，它们分别由下标 c、s、m、r、d 和 p 表示。TERM 最有创新性的地方主要来自图 4-6 和图 4-7 的构建。

在图 4-6 的顶端，家庭在进口（从另一个国家）和国内生产的蔬菜间进行选择。一个 CES 或 armington 设定描述了其选择——该假设始于 ORANI 模型，后来被大多数 CGE 模型广泛使用。而需求主要由不同使用者的购买价格来决定，一个典型常用的替代弹性值是 2。

对一个区域内的蔬菜需求加总得到加总值 USE_U（后缀"_U"指的是对所有使用者 u 的加总）。USE_U 矩阵通过"delivered"值进行度量，"delivered"值包括基本值和 margin（贸易和运输），但不包括不同使用者的产品税。

下一个水平对应 USE_U 在不同国内区域的来源。矩阵 DELIVRD 表示如何在产地区域 r 之间拆分 USE_U。再一次使用 CES 函数进行分配，替代弹性的值分别在 5（产品）到 0.2（服务）之间变化。CES 意味着与其他区域相比，生产成本低的区域将会增加市场份额。对来源区域的决定是基于 delivered 价格——该价格包括运输和其他 margin 成本。因此，即使生产的价格是固定的，运输成本的变化也会影响区域市场份额。值得注意的是，这个层面的变量都缺少一个使用者（u）的下标，也就是说，选择是基于所有使用者做的（就像是批发商而不是最终使用者决定蔬菜来源）。一个重要的含义是，对于北部的家庭、中间使用和其他所有使用者而言，来自南部的蔬菜比例完全一样。

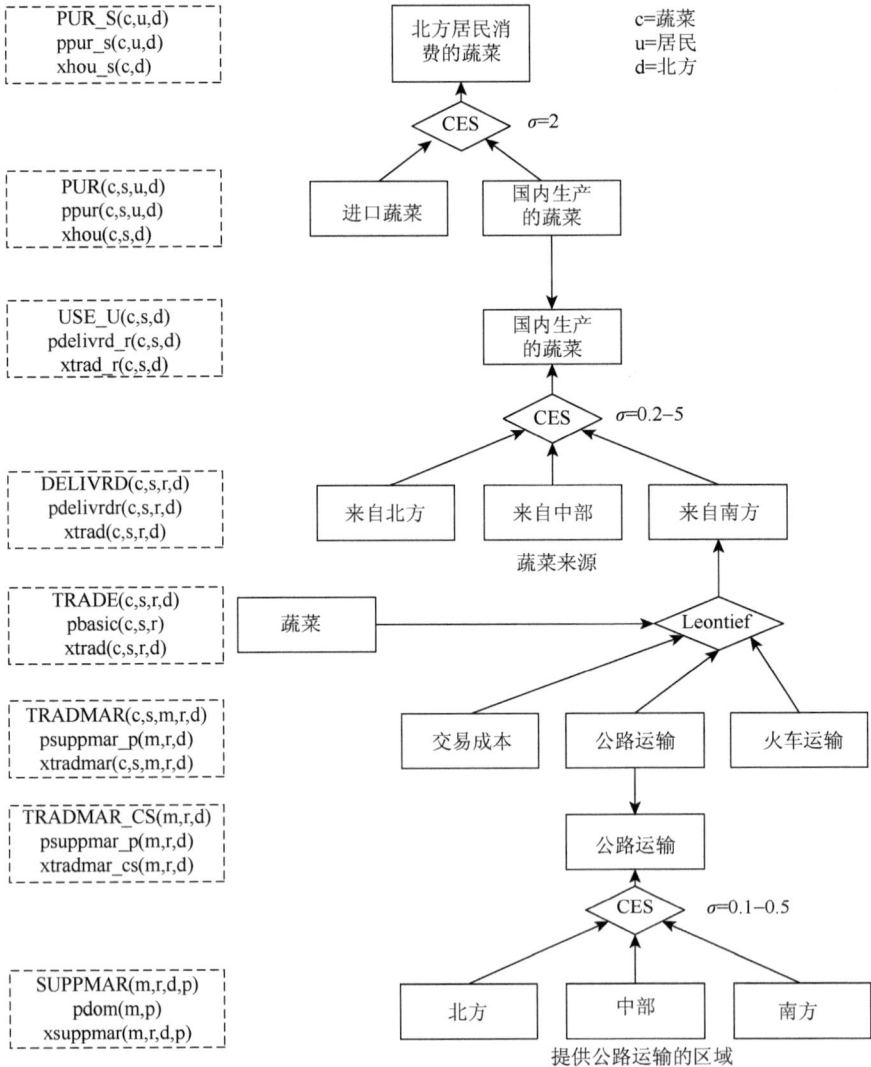

图 4-6　TERM 模型来源机制

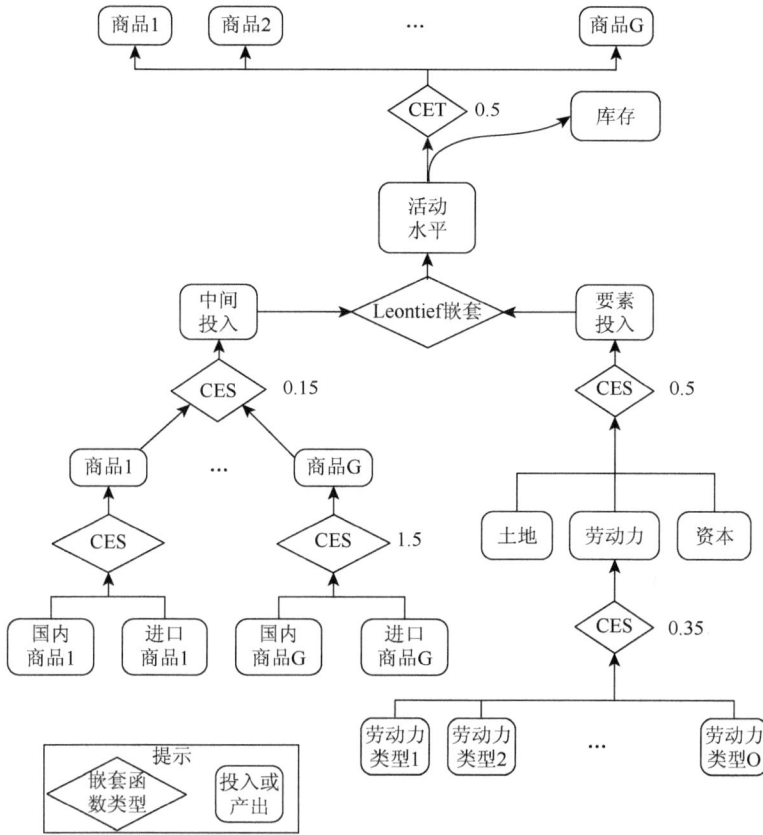

图 4-7　TERM 模型生产结构

　　下一层表示来自南部的"delivered"蔬菜是一个里昂惕夫组合，由基本蔬菜和不同 margin 产品组成。delivered 价格下的每份 margin 对应特定的产地、目的地、产品和来源。例如，对于距离远的区域或者重量大或体积大的产品，我们预期运输成本将会占很大的份额。而 margin 产品的数量将取决于模型数据库是如何加总的。在里昂惕夫函数下，我们排除公路与零售贸易之间 margin 的替代关系，也排除公路与铁路之间的替代关系，出于一些应用的考虑，也许应该建立一个更精致的公路/铁路转换嵌套模型。

　　嵌套模型最下面的部分展示了从南部运输到北部的蔬菜 margin 可以在不同的区域生产。图 4-7 中描述了公路 margin 的来源机制。我们可以预期它与产地（南部）、目的地（北部）和途径区域（中部）是一样的。当然，也有可能存在一定的替代关系（$\sigma=0.5$），因为货车公司可以重新将仓库设置在更廉价的区域内。另一方面，对于零售 margin，目的地区域的份额会更大，替代关系的区间更小（$\sigma=0.1$）。另外，这个替代关系是在加总水平上确定的。我们假设从南部到北部提供公路 margin 服务的中部份额，对所有运输产品而言都是相等的。

四、TERM 的其他特征

TERM 模型的其他特征与其他 CGE 模型基本类似，如 ORANI 模型，TERM 模型是基于 ORANI 模型扩展的。行业生产函数采用嵌套的 CES 类型。每个区域港口到 ROW 的出口都面临不变的需求弹性。家庭需求的组成采用线性支出模型（linear expenditure system，LES），而投资需求和政府需求的组成是采用固定/由模型外生的。对于短期模拟，可以固定行业资本存量和土地，同时允许劳动力在同一区域各部门间完全流动，并且在不同区域间也可以有一定的流动性。

（一）国家和区域的宏观闭合

TERM 的闭合在国家和区域层面都有一定的弹性。例如，我们可能希望在全国水平上增加贸易平衡的限制，但不对每个地区增加该限制。我们可以规定区域消费 Cr 通过这样的规则由工资收入 Wr 决定

$$Cr=Fr \times Wr \times \lambda$$

其中，Fr 是区域消费倾向；λ 是松弛变量，通过调整使国际贸易平衡条件满足。

类似地，我们可以将每个区域的政府支出与区域 GDP 联系起来，而固定国家政府支出。

（二）与 GTAP 模型的比较

世界著名的 GTAP 模型与 TERM 模型有着十分相似的结构，但它们也有

许多不同之处。首先，GTAP 模型中的"区域"指的是国家或一组国家，而 TERM 模型对应一个国家内的区域。GTAP 模型中，区域贸易赤字必须加总为 0（全球是一个闭合的系统），而 TERM 模型中国家贸易赤字为 0 几乎是不可能的。其次，TERM 模型和 GTAP 模型在数据结构方面也有很多不同，对于双边贸易税收，GTAP 模型比 TERM 模型要详细得多，这反映了在一个国家内通常都是自由贸易。对于不同区域，TERM 模型可以征收不同的税率（对于威士忌，北部可能比南部征收更高的税），但不允许区域税收歧视（如北部只对来自西部的威士忌征税）。跨区域劳动力流动在 GTAP 模型中很少见，但在 TERM 模型中很常见。最后，TERM 模型对运输 margin 的描述更为详细。GTAP 模型识别了每个国家对世界海运的供给，而在 TERM 模型数据结构中对于所有来源和目的地的产品贸易都有对应每个区域的运输供给（图 4-5 矩阵 SUPPMAR）。

第三节　构建长江三角洲流域多区域 CGE 模型

构建长江三角洲流域多区域 CGE 模型是分析水害间接经济影响的核心内容。本书以国家统计局公布的最新 2007 年各省投入产出表为数据基础，基于澳大利亚 Monash 大学 Cops 中心的标准 TERM 模型进行更新和开发，从而达到可以测算不同类型灾害、不同地区和不同行业间接影响的目的。在整个构建过程中，按照工作流程来说可以分为六个步骤。

第一，确定数据库基准年。已有的中国 TERM 模型是基于 2002 年的数据库，但是随着经济的发展和产业结构的变化，很显然这样的数据不能满足现实的需要。因此，我们利用国家统计局出版的 2007 年中国 30 个省份（不含港澳台及西藏）的投入产出表和中国海关公布的分省贸易和关税数据，对所有核心数据库进行了全面系统的更新。但是，从项目组提供的长江三角洲分省投入产出表看，水平年都设定在 2011 年，为了体现数据和模型的一致性，也为了进一步加强模型的准确性，我们又将其数据库进一步更新至 2011 年。

最终，将 TERM 模型数据库更新至 2011 年，也就是说，这一版的静态 TERM 模型以 2011 年为基准年（模拟分析的水平年）。

第二，选择模型的求解软件。本书采用的软件是由澳大利亚 Monash 大学 Cops 中心开发的 Gempack，之所以没有使用世界银行开发的 GAMS 软件主要有两方面的原因。一方面，因为 Gempack 是专门设计用于求解大型 CGE 模型系统的软件，所以 Gempack 开发了许多专门用于 CGE 模型构建的独特插件，而 GAMS 不全是为了 CGE 模型的应用，更多的是用来求解规划等问题，所以对 CGE 模型方面并没有特别的顾及；另一方面，因为 Gempack 直接求解的是非线性的方程，所以 Gempack 可以求解非常庞大的系统，且求解时模型方程系统非常稳定，但 GAMS 相比可求解的方程和变量数量远远少于 Gempack，而且求解的很多是非线性方程，所以导致方程的求解不稳定。

第三，确定区域和部门。更新后的 2011 年基础数据库包括 5 个区域和 18 个部门。为体现流域边界，将苏浙沪分成长江三角洲流域内的苏浙沪三个省份行政区，以及长江三角洲流域外苏浙沪进行加总构成一个新的地区——苏浙沪其他地区；而将中国除苏浙沪外的其他省份合并为一个地区——全国其他地区。拆分使用的份额是根据 2011 年苏浙沪的《42 部门全口径投入产出表》和 2011 年苏浙沪的《42 部门流域投入产出表》来拆分的。对于部门而言，将一些服务业和农业等不受关注的部门进行了合并处理，所以，我们根据项目组提供的国家统计局 42 个部门和 18 个部门的对应资料，将原来数据库的 193 个部门合并为 18 个部门（具体部门见附表二）。

第四，设置宏观闭合。闭合选择直接决定模型冲击的结果，因为同样的一个冲击，在采用不同的闭合情况下会产生不同的影响，所以，如何选择恰当的闭合也是一个关键问题。从灾害影响评估的需要看，应该采用短期而不是长期闭合条件。典型的 TERM 模型短期闭合包括区域的行业资本存量不变，而且区域的实际工资是黏性假设，同时，区域的回报率和劳动力是可以变化的，通常这样的假设可以准确地捕获到灾害产生的短期经济影响。此外，还有两项关于消费需求的假设：一个是假设国家层面的总消费与国家的 GDP 的份额不变，也就是说，国家的 GDP 水平直接决定国家的私人消费水平；另一个是区域政府需求。我们认为政府支出短期是固定的，通常来说，政府的支出通常需要前一年（或几年）的规划和预算，存在一定的时滞，因此，短期的冲击很难影响其预算支出。

第五，设定冲击变量。如何将得到的直接影响冲击引入模型也是一个关键问题，但是引入方式并没有固定的模式，通常与灾害影响的作用途径和机理有直接关系，因此，我们需要准确地把握作用机理才能选择最合适的冲击设定。综合考虑后，我们认为，如果只是考虑行业受到冲击，只需外生各行业的全要素生产率，然后，根据直接影响数据进行冲击，从而可以模拟出灾害的间接影响。其经济学的含义是，行业由于灾害的影响导致产出或增加值下降，可以理解为灾害的影响使得行业既定的投入要素只能生产更少的产品。

第六，冲击的部门匹配问题。直接行业冲击与标准的 18 个部门需要进行匹配对应。首先，农业在 18 个部门中只占一个部门，而直接损失数据中农业相关的部门（种植业、渔业和畜牧业等）都对应农业部门进行冲击模拟。其次，在 18 个部门中包括 9 个工业部门，而在直接损失数据中只有一个工业部门，这种情况下，我们假设每个部门都受到同样的冲击。最后，商饮服务业和旅游业均属于商饮服务业，水利等公共基础设施属于公共服务业。

居民相关部门处理问题。首先，居民财产。一般来说，居民财产包括两类财产：一类是指居民的住宅；另一类是指室内的耐用消费品。居民住宅对应的是房地产部门，而耐用消费品支出对应的是居民机械工业部门。其次，居民的消费。居民的消费是指由于水污染导致居民购买水的净化装置和瓶装水或罐装水的支出增加。其中，瓶装水或罐装水属于食品加总制造业部门；水的净化装置属于家用电力和非电力器具制造业部门，在这里属于机械工业部门。由于无法区分两种支出的份额，我们假定所有的支出都属于食品加工制造业的支出。其中，市政工业中的自来水厂和污水处理厂的是属于水的生产与供应部门，在这里属于采掘业部门（不同区域、不同灾害类型的直接损失数据和冲击见附表三）。

第四节　构建长江三角洲流域间接影响系数

正如我们在前文实证研究目的中所提到的，影响评估的目的是能够快速简单地评估水害隐含的间接经济影响，本书希望能够通过案例分析构建一个简单且能直接应用于实践中的结果，为减灾救灾决策提供简便快速有用的科学工具。模型的选择在这个方面应该有所作用。而根据多区域 CGE 模型的分析结果，本书构建了一个间接影响系数（indirect effect coefficient，IDE），简单来说，就是间接影响与直接影响的比值。

按照不同类型的冲击，间接影响系数主要分为两大类。①增加值间接影响系数。在洪灾和旱灾损失中，主要都是提供行业增加值损失的数据，因此，这里的间接影响系数是指间接增加值的影响。②总产值间接影响系数。在水污染中工业和市政提供的是总成本和运行成本的增加，因此，这类影响系数不是指增加值，而是指总产值的间接影响系数。同时，为了区分直接和间接的影响，我们定义直接对行业造成冲击的都属于直接影响，如增加值、资本存量和运行（生产）成本；而间接影响行业表现的都属于间接影响，如居民饮用瓶装水的增加等，这些都是属于间接影响行业产出的，算做是间接影响。

另外，从间接影响系数的计算过程中，我们计算两种类型的间接影响系数：①行业层面的间接影响系数，该系数反映的是遭受冲击行业的间接影响；②区域层面的间接影响系数，该系数反映的是一个地区所有行业增加值遭受的冲击，既包括直接受冲击的行业，也包括受间接影响的行业增加值的变化，区域间接影响系数是一个复合的系数指标。

间接影响系数表示间接影响与直接影响的比例关系，可以直接用于分析和评估行业或区域的间接影响。从方向上看，如果该系数是正号，表示间接影响加强了直接影响；如果该系数是负号，表示间接影响减弱了直接影响。其中，行业间接影响系数可以表示为

$$IDE_i = \frac{XI_i}{XD_i}$$

其中，IDE_i 是第 i 行业的间接影响系数，表示水害引起的第 i 行业的直接影响导致的间接影响倍数；XI_i 是第 i 行业的增加值（总产值）间接影响的变化量；XD_i 是第 i 行业的增加值（总产值）的直接影响变化量。

区域间接影响系数可以表示为

$$IDE = \frac{\sum XI_i}{\sum XD_i}$$

其中，IDE 是一个区域总的间接影响系数，表示水害对一个区域各行业造成的总的直接影响将导致各行业总的间接影响的倍数。

第五章 基于 CGE 模型的长江三角洲区域水害间接经济影响评估与分析

第一节 实证研究地区及水害构成[①]

一、研究区概况

长江三角洲是长江入海之前的冲积平原，是长江中下游平原的重要组成部分，位于北纬 30.11°～32.53°，东经 119.04°～121.92°，其范围北起通扬运河，南抵杭州，西至南京，东到海边，包括上海市全部、江苏省中南部和浙江省北部杭嘉湖平原，面积约 5 万平方千米，是一片坦荡的大平原，海拔多在 10 米以下，间有低丘散布，海拔 200～300 米。长江三角洲区域主要包括上海、杭州、嘉兴、湖州、苏州、南通、无锡、常州、镇江、常州、南京、扬州、宣城等共 13 个城市的部分地区，具体包含子区域见表 5-1。水资源三级区包括通南及崇明岛诸河、湖西及湖区、武阳区、杭嘉湖区和黄浦江区，占长江流域总面积的 2.74%，具体见图 5-1。流域区覆盖江苏省的 28.36%、上海市的全部、浙江省的 11.69%、安徽省的 0.16%。上述四个省份分别占流域区的比例为 61.19%、13.33%、25.01%、0.46%，其中覆盖江苏省的面积最大。

表 5-1 长江三角洲流域内行政区划及面积汇总

省（直辖市）	市	包含子区域	流域内面积/平方千米	总和/平方千米	占所在省份比例/%	占研究区比例/%
江苏省	南京市	溧水县、高淳县	188	29 102	28.36	61.19
	无锡市	无锡市辖区、江阴、宜兴市	4 627			
	苏州市	苏州市市辖区、张家港市、常熟市、太仓市、昆山市、吴江市	8 442			

---

① 本书是 2012 年水利部公益性行业科研专项项目"长江三角洲水害损失与水利治理效益核算研究"子课题的成果内容之一。在研究区域及对象特征上，与总课题保持一致，主要内容来自总报告，对长江三角洲流域水害间接经济损失测算所使用的直接损失数据也引自总课题研究报告。具体见：中国水利水电科学研究院、中央财经大学和长江勘测规划设计研究有限责任公司 2015 年的《长江三角洲水害损失与水利治理效益核算研究》。

续表

省（直辖市）	市	包含子区域	流域内面积/平方千米	总和/平方千米	占所在省份比例/%	占研究区比例/%
江苏省	常州市	常州市辖区、武进区、金坛市、溧阳市	4 357	29 102	28.36	61.19
	镇江市	镇江市辖区、丹徒县、扬中市、句容市、丹阳市	2 447			
	南通市	南通市辖区、通州区、海安县、如东县、如皋市、海门市、启东市	6 144			
	泰州市	泰州市辖区、姜堰市、泰兴市、靖江市	2 616			
	扬州市	邗江区、江都市	281			
上海市	上海市	全部区县	6 341	6 341	100.00	13.33
浙江省	杭州市	余杭区、拱墅区、江干区、西湖区、下城区、临安市、富阳市	2 163	11 896	11.69	25.01
	嘉兴市	秀洲区、秀城区、嘉善县、平湖市、桐乡市、海盐县、海宁市	3 915			
	湖州市	湖州市、长兴县、安吉县、德清县	5 818			
安徽省	宣城市	广德县、宁国市、郎溪县	219	219	0.16	0.46

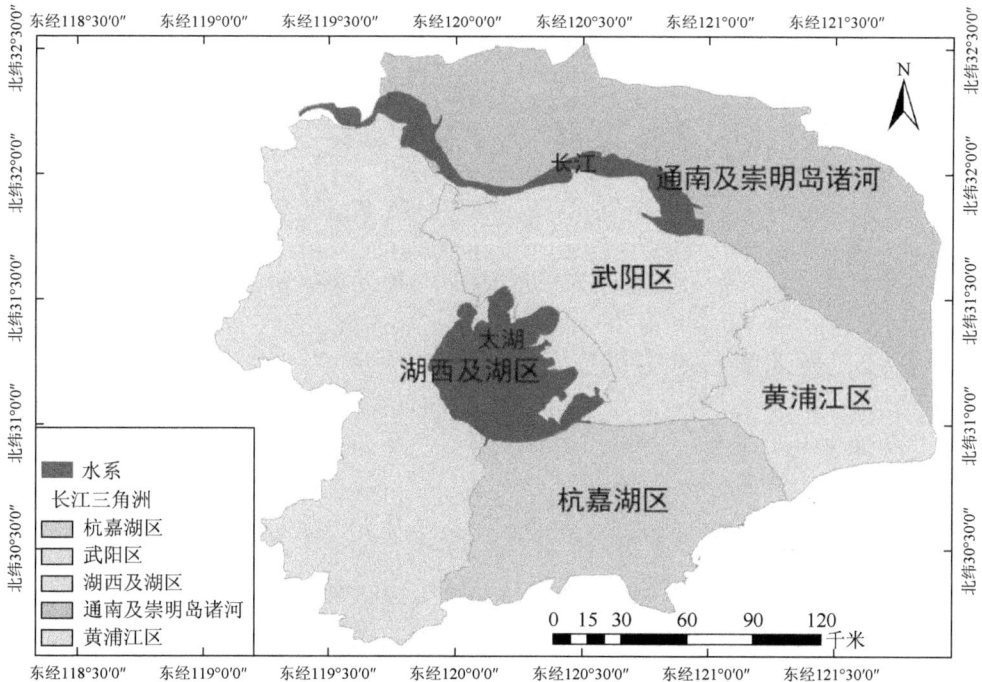

图 5-1 长三角流域水系分区图

资料来源：中国水利水电科学研究院，中央财经大学，长江勘测规划设计研究有限责任公司. 长江三角洲水害损失与水利治理效益核算研究[R]. 2015

　　长江全流域直接汇入长江的大小支流约 7000 条，长三角流域位于长江流域下游，包括太湖水系和湖口以下干流的通南及崇明岛诸河水系。区域内河道纵横交错，湖泊星罗棋布，是全国河道密度最大的地区之一，如图 5-1 和图 5-2 所示。

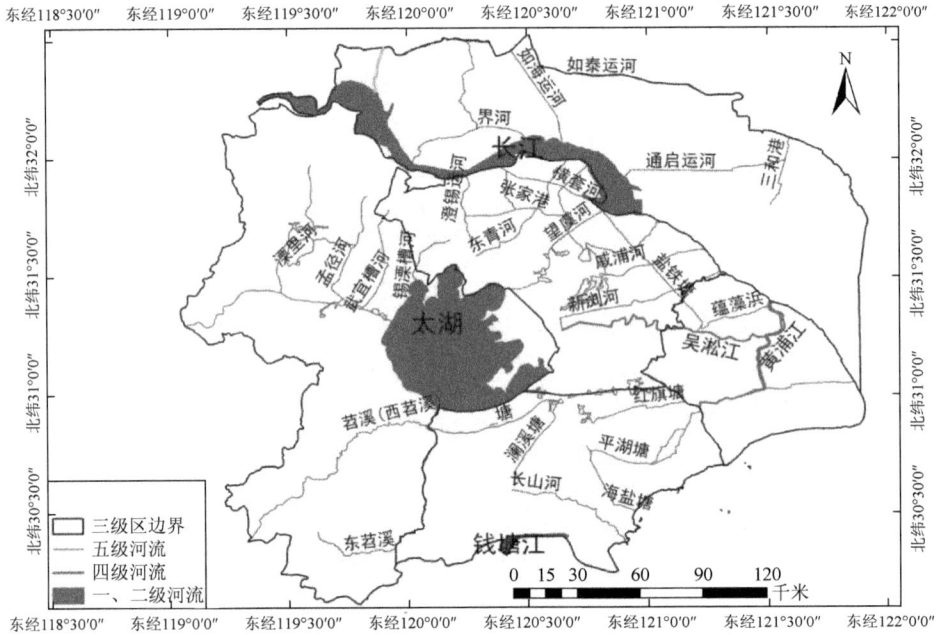

图 5-2　长江三角洲流域水系图

资料来源：中国水利水电科学研究院，中央财经大学，长江勘测规划设计研究有限责任公司. 长江三角洲水害损失与水利治理效益核算研究[R]. 2015

二、长江三角洲流域水害构成及特征

（一）洪涝灾害

　　20 世纪以来，发生较大水灾年份有：1921 年、1922 年、1931 年、1949 年、1954 年、1957 年、1962 年、1963 年、1969 年、1983 年、1991 年、1995 年和 1999 年。自 1980 年以来，本流域洪涝较过去更为频繁，特别是 20 世纪 90 年代以后。1991 年（6 月梅雨）、1995 年（6 月梅雨及 7 月中下旬）、1996 年（6 月梅雨）、1997 年（8 月台风）、1999 年（6 月梅雨）五年均发生过较严重的洪涝灾害，损失巨大（图 5-3）。6 月梅雨期洪涝灾害出现较频繁，损失也较为严重。

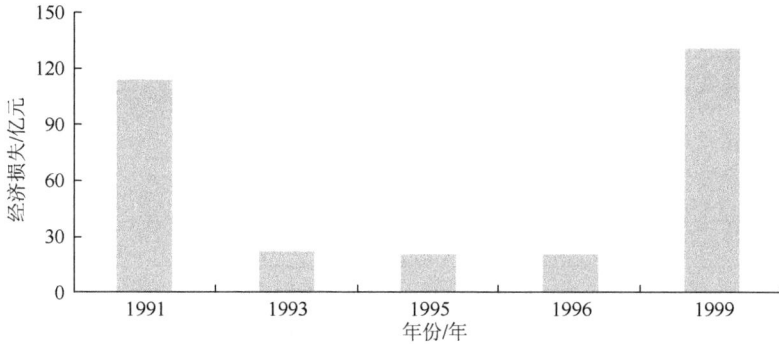

图 5-3　20 世纪 90 年代太湖流域洪涝灾害损失情况

资料来源：中国水利水电科学研究院，中央财经大学，长江勘测规划设计研究有限责任公司. 长江三角洲水害损失与水利治理效益核算研究[R]. 2015

　　历年的洪涝灾害造成了巨大损失（表 5-2）。1991 年洪水主要由梅雨引起，梅雨期间出现三次集中降雨，30 天、45 天、60 天时段降雨均超过后来的 1954 年，使得太湖水位陡涨，超过了历史最高水位，超警戒水位和危急水位分别达 81 天和 38 天。由于当时太湖综合治理尚未启动，原有防洪工程标准偏低，致使采取炸坝分洪等措施来控制洪水，太湖流域遭受了严重的灾害，直接经济损失达 113.9 亿元。

表 5-2　长江三角洲历年洪灾损失情况

年份	水灾农业受灾面积/万公顷	水灾农业成灾面积/万公顷	受灾人口/万人	倒塌房屋/万间	损坏房屋/万间
1984	55.60	24.80	45.1	1.2	1.7
1985	59.20	30.00	52.5	1.3	3.7
1986	65.40	49.50	62.3	1.9	5.7
1987	46.50	25.40	61.3	0.8	1.4
1988	28.40	9.00	97.6	1.7	1.2
1989	138.00	80.50	90.0	2.2	10.6
1990	194.72	70.13	119.7	2.6	6.8
1991	332.13	140.45	1182.0	10.7	21.0
1992	79.61	16.40	124.4	2.0	8.5
1993	206.33	104.24	562.0	3.2	4.5
1994	62.00	37.00	188.3	1.4	7.0
1995	41.46	14.47	51.1	1.4	12.2

续表

年份	水灾农业受灾面积/万公顷	水灾农业成灾面积/万公顷	受灾人口/万人	倒塌房屋/万间	损坏房屋/万间
1996	88.71	33.89	67.1	2.1	6.7
1997	64.88	29.52	197.0	3.8	5.4
1998	56.06	23.35	142.3	1.1	3.1
1999	179.57	59.08	746.0	5.5	10.1
2000	9.23	4.50	100.6	1.3	8.6
2001	36.70	19.39	141.7	0.6	3.1
2002	38.95	19.80	80.3	1.3	0.0
2003	269.35	160.22	283.0	1.9	0.0
2004	12.20	5.48	151.0	1.5	0.0
2005	8.14	3.52	122.3	1.0	6.0
2006	118.47	75.81	82.0	0.9	8.2
2007	72.83	26.53	52.0	0.3	3.2
2008	17.09	13.52	95.3	0.3	0.8
2009	18.61	5.46	61.5	0.1	0.3
2010	60.15	15.74	43.9	0.2	0.2
2011	39.26	10.66	117.7	0.3	1.6

资料来源：《中国民政统计年鉴》《中国水利年鉴》《长江年鉴》

1997 年 8 月中旬，太湖流域沿海地区遭受 9711 号台风袭击时，沿海地区阵风达 10～12 级，普降暴雨到大暴雨，又适逢天文大潮，出现了有记录以来的最高潮位，仅上海市经济损失就达 6 亿多元。

1999 年特大洪水也是梅雨引起的，太湖水位达创纪录的 5.08 米。当年夏季流域普降大雨，梅雨期和梅雨量均是常年的 3 倍，是 20 世纪有纪录以来的最大洪水。由于已建治太骨干工程的运用，使得洪灾损失大大减轻，洪水直接经济损失达 141 亿元，占流域 GDP 的 1.7%左右。

2011 年 6 月的南方暴雨，长江流域持续强降雨天气，导致数百万人受灾。到当天中午，仅上海虹桥机场和浦东机场已有近 300 架次航班延误或取消，杭州市 150 多条公路受损，损失达 3700 万。

长江三角洲洪涝灾害的主要特征有以下五点。①洪涝灾害异常频繁。受特殊的气候条件和地形条件等相关因素影响，长江三角洲洪涝灾害极其频繁，平均每4～5年就有一次洪涝灾害。②分布范围广。受该地区地处长江中下游地区的特殊地理位置，以平原河网为主，地形四周高、中间低等特征的影响，极易形成大面积的洪涝灾害。③洪灾与涝灾一体。该地区以平原洼地为主，无论是大范围的持久性降水或是局部的大暴雨，经常形成洪涝一片、洪涝不分的情形。在无圩垸与圩垸垮塌的地区，经常是一片汪洋、难分洪涝；而圩垸完善的地区，由于河高圩低，受外河水位的影响极易形成因涝致洪或者因洪成涝的现象。④灾害损失大。长江三角洲是我国经济较为发达的地区之一，区内人口、经济密度都较其他地区大，每逢洪涝均极易形成严重的经济损失。⑤人类活动影响大。人类活动对下垫面的改变越来越剧烈。人类活动已经深刻地改变了洪涝灾害的成灾因子，从而改变了洪涝灾害的特征[58]。

（二）干旱灾害

1953～2007 年共出现了 11 个严重干旱年。其中，20 世纪 60 年代严重干旱最为频繁，1963～1967 年五年中有 4 个严重干旱年，1964 年和 1966 年为大旱，1963年和 1967 年为特旱，只有 1965 年为轻旱。进入 21 世纪后出现了两次严重干旱，分别为 2003 年和 2007 年。而在近 55 年中只出现过连续两年严重干旱的情况，并没有出现三年连旱的情况。

2011 年 5 月，副热带高压西伸点较正常年份相比明显偏东，且面积较小，副热带高压的偏东偏弱影响了东南方向的水汽输送，从太平洋沿副高北上的暖湿气流无法到达江淮流域与北方的冷空气发生辐合降水，直接导致了长江中下游地区的干旱。安徽、江苏、湖北、湖南、江西、浙江、上海平均降水量达到 1954 年以来的最低。长江中下游地区今年上半年出现了 60 年来罕见的旱情，五省共 3483.3 万人遭受旱灾，农作物受灾面积 370.51 万公顷，其中绝收面积 16.68 万公顷直接经济损失 149.4 亿元。

长江三角洲地区近 50%的降水量集中在 6～8 月。盛夏 7～8 月，西太平洋副热带高压西伸北抬，长江中下游地区处于它的控制之下，天气酷热若持续时间较长，容易形成气象干旱。但需要指出的是，长江三角洲河网密布、过境径流量大，水资源开发利用设施完善，对旱灾的抵御能力极强。以2011年长江中下游大旱为例，气象干旱达到60年一遇，但长江三角洲地区农业依然增产，水利工程在抗旱防灾中的作用不言而喻。长江三角洲虽处于气象干旱频发的地区，但是气象干旱一般不会发展成严重的社会经济干旱。

长江三角洲部分地区存在水质性缺水现象。长江三角洲工农业发达，人口稠密，工农业用水和生活用水量大。长江三角洲名曰水乡，但水资源分布不均，时空变化大。太湖有纵横密集的河网，本不该为水而发愁的太湖流域及其周边地区已经成为我国最为典型的水质型缺水地区。江苏南边（以下简称苏南）及上海，人口密集，经济发达而人均水资源量较低（上海250立方米/人，苏南450立方米/人），同时，这一区域水体受污染，地表水除了长江深泓线附近，其他地表水大多Ⅲ级、Ⅳ级甚至Ⅴ级，造成城市供水困难。如前所述，苏南和上海主要是由污染引起的水质性缺水；宁波市和舟山市是工程性缺水区。水质性缺水和工程性缺水可能在气象干旱的基础上形成一定的社会经济干旱损失，其损失主要体现在抗旱供水中的投入上，一般不直接体现在工农业生产下降上。

（三）水污染灾害

20世纪80年代，长江三角洲地区经济开始快速发展，工业发展、城市发展等一系列的高强度人类活动对该地区的河流影响加剧。自20世纪80年代开始，长江三角洲的太湖、阳澄湖和淀山湖等湖泊均出现强烈的富营养化趋势，20世纪90年代中期比20世纪80年代中期总氮总磷含量增加了近1倍，已接近Ⅴ类水质。

1991年，国家启动了第一期太湖治理工程，但太湖在治理的同时依然水质不断恶化；1998年，国家批准"太湖环境治理计划"，"聚焦太湖零点达标"因此展开，但太湖水质不断恶化的态势并未得到遏止，区域经济的发展与太湖治理形成"拉锯战"；2005年，第二期太湖治理工程启动，但进展缓慢，直到2007年太湖暴发严重的蓝藻事件，工程才加快推进。

太湖流域两次典型的蓝藻事件分别为 1990 年和 2007 年。1990 年，太湖第一次发生了大面积蓝藻暴发现象，造成了无锡地区工厂停产、饮用水取水口管道被蓝藻堵塞、水厂被迫关闭，给当地生活、生产等造成了重大影响。该事件造成 40 多家企业停水停产，直接经济损失达 1.6 亿元（当年价）。2007 年 6 月，太湖贡湖水质氨氮、总氮、总磷指标分别超出国家地表Ⅲ类水环境质量指标 12 倍、22 倍和 10 倍。2007 年 5 月，太湖大部分水域藻类叶绿素 a 的含量上升，局部地区高达每升水 230 多微克，使太湖呈全湖性的富营养化趋势，藻类大量繁殖，破坏了水体的生态平衡。2007 年 5 月 29 日，五里湖及梅梁湾等北太湖区蓝藻暴发，后来大面积南扩和东扩。蓝藻的暴发使水味变得腥臭难闻，水体透明度降低，浊度增加；水面被藻类遮盖，阳光难以进入，严重抑制了深层水体的光合作用，降低溶解氧；死亡藻类不断沉到湖底部，加快了溶解氧的消耗，使表面以下的水体处于缺氧状态，造成好氧生物死亡；除散发臭味、破坏景观、破坏水生生态环境外，藻类尸体分泌藻毒素，引起水生动物中毒；造成了严重的水质性缺水，在无锡引发了供水危机，经济损失惨重。

近年来，随着大规模的水污染治理行动，自 20 世纪 80 年代开始至 21 世纪初近 30 年的水质不断恶化趋势得到有效遏制。以长江三角洲的主体太湖流域为例，水体富营养化指数比 2007 年下降了 1.3；入湖水质自 2007 年起也有一定的好转趋势，如图 5-4 所示（以氨氮为例）。

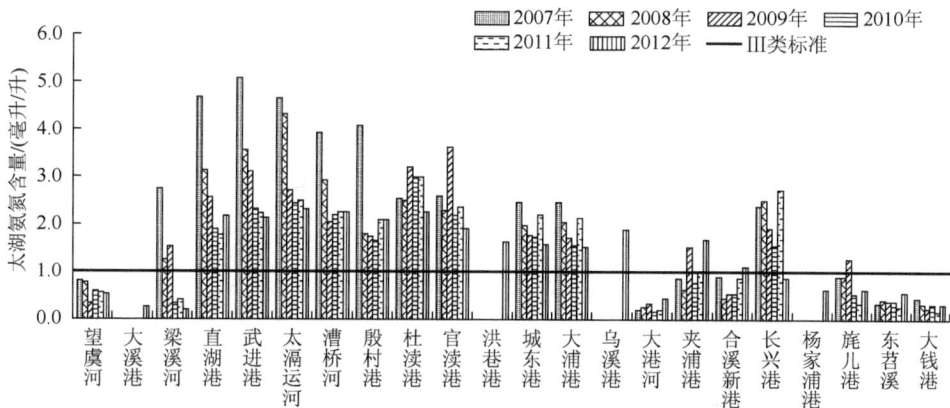

图 5-4　2007～2012 年太湖流域各断面水质情况

资料来源：太湖流域管理局，江苏省水利厅，浙江省水利厅，上海市水务局. 太湖健康状况报告[R]. 2012

从统计数据也可看出，入湖河流水质得到改善，但是湖泊的水质依然在恶化。据 2007 年太湖统计公报统计，在太湖 11 个保护区中，达标河长为 33.7%，湖泊达标库容为 100%；但 2012 年同时段的监测表明，河长达标率为 66.7%，但湖泊达标库容为 0%。污染物长期积累于湖泊底泥中，湖泊水力学条件不佳等原因，使湖泊的水质改善举步维艰。

三、长江三角洲流域水害经济直接损失

本书对长江三角洲流域水害间接经济损失测算所使用的直接损失数据来自 2012 年水利部公益性行业科研专项项目"长江三角洲水害损失与水利治理效益核算研究"报告，主要包括干旱损失、洪灾损失和水污染损失三种水害损失。

从干旱灾害来看，2011 年长江三角洲流域水干旱主要是围绕太湖周边的江苏省地区，其中常州受灾最为严重，达 2.39 亿元；其次是浙江省杭州市，为 1.61 亿元。总体来看，旱灾直接损失主要集中于江苏省环太湖周边地区，而浙江省和上海市受损失较小。具体如图 5-5 所示。

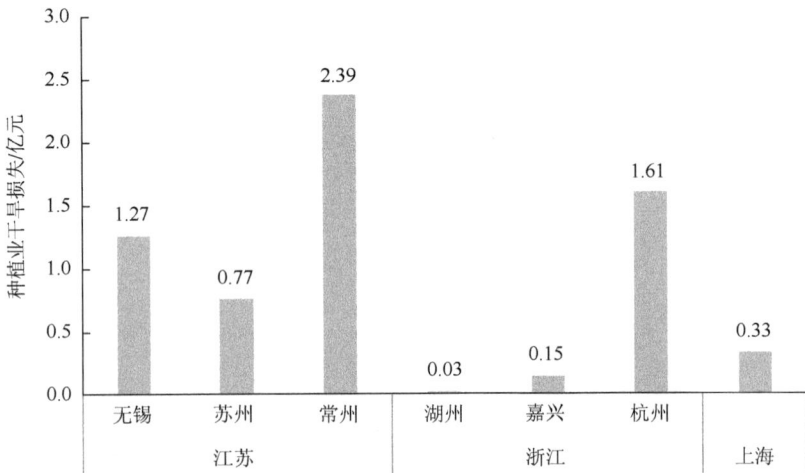

图 5-5　2011 年长江三角洲流域（以太湖流域为主）农业干旱损失

资料来源：Chen M J，Ma J，Hu Y J，et al. Is the s-shaped curve a general law？-an application to evaluate the damage resulting from water-induced disasters[J]. Nat Hazards，2015，78：497-515

　　从洪灾损失来看，长江三角洲流域洪灾将直接对种植业、工业、商饮等服务业、水利等公共基础设施、农村居民住宅和居民财产等造成直接损失，这其中，又主要以种植业、工业和水利等公共基础设施的损失为主，这三类损失约占总直接损失的78%。从区域层面来看，江苏省和浙江省受洪灾直接损失较大，分别占总直接损失的49%和42%。具体如表5-3所示。

表5-3　长江三角洲流域 2011 年洪灾直接经济损失　　（单位：亿元）

省份	地市	种植业	工业	商饮等服务业	水利等公共基础设施	农村居民住宅	居民财产	合计
江苏省	无锡市	0.61	1.04	0.24	0.86	0.09	0.16	3.00
	苏州市	0.31	2.53	0.42	1.81	0.07	0.15	5.29
	常州市	1.02	0.93	0.25	0.77	0.17	0.11	3.25
	镇江市	0.34	0.23	0.01	0.18	0.08	0.21	1.05
	南通市	2.80	3.50	2.70	2.70	0.77	0.56	13.03
	泰州市	0.07	0.19	0.05	0.14	0.01	0.01	0.47
	小计	5.15	8.42	3.67	6.46	1.19	1.20	26.09
浙江省	杭州市	0.94	1.57	0.95	1.78	0.13	0.33	5.70
	嘉兴市	2.28	1.90	1.57	1.62	0.40	0.26	8.03
	湖州市	2.49	3.07	0.78	2.30	0.07	0.27	8.98
	小计	5.71	6.54	3.30	5.70	0.60	0.86	22.71
上海市		0.44	1.16	0.61	2.40	0.07	0.32	5.00
合计		11.30	16.12	7.58	14.56	1.86	2.38	53.80

注：洪水所造成的直接经济损失包括资产和增加值损失

　　从水污染损失来看，长江三角洲流域的水污染将直接影响到农业、工业、市政工业自来水厂、污水处理厂、旅游业等行业，并造成停水等问题，使得家庭消费在纯净水和净水设备方面的支出增加，影响居民消费结构。通过表5-4可以看出，水污染对长江三角洲流域内农业、工业，以及引起的家庭消费损失是水污染损失的主要方面，基本占所有损失的95%以上。从区域层面来看，上海市是水污染受损失最严重的地区，达到176.58亿元，约占总损失的45%；而浙江和江苏分别占27%左右。另外，不同地区受损失的领域也不同，江苏主要以家庭消费损失和农业损失为主；浙江主要以农业损失和工业为主；而上海主要以工业和家庭消费为主。

表5-4　长江三角洲流域2011年水污染经济损失　　（单位：亿元）

省份	地市	农业*	工业	市政工业自来水厂	污水处理厂	旅游收入损失	家庭消费	合计
江苏省	无锡市	2.50	2.82	0.05	0.00	0.14	5.76	11.27
	苏州市	5.90	2.83	0.06	0.01	0.45	9.54	18.79
	常州市	3.84	2.43	0.04	0.01	0.16	4.91	11.39
	镇江市	4.07	2.06	0.01	0.01	0.09	3.43	9.67
	南通市	18.79	5.56	0.00	0.02	0.24	16.15	40.76
	泰州市	3.08	0.92	0.01	0.00	0.04	8.98	13.03
	小计	38.18	16.62	0.17	0.05	1.12	48.77	104.91
浙江省	湖州市	5.79	1.46	0.03	0.01	0.08	4.48	11.85
	嘉兴市	49.74	19.31	0.04	1.40	0.98	11.07	82.55
	杭州市	1.70	8.46	0.01	0.00	0.21	1.76	12.14
	小计	57.23	29.23	0.08	1.41	1.27	17.31	106.53
上海市		35.47	82.51	0.35	9.23	0.47	48.55	176.58
合计		130.88	128.36	0.60	10.69	2.86	114.63	388.02

*农业主要包括种植业、渔业和牧业

　　我们将基于CGE模型，计算和分析长江三角洲区域受不同类型水害的间接经济影响。如前文在模型构建时所说，为进行区域性分析，我们根据区域和流域边界将所涉及的区域分为两部分：第一部分是长江三角洲流域区，第二部分是经济区中未被包含在流域区中的部分，主要涉及苏浙沪三省的部分区域，本书将其进行加总构成"苏浙沪其他地区"。再加上将中国内地除苏浙沪外的其他省份合并为"全国其他地区"。对这三部分进行间接经济影响计算和分析。

第二节　长江三角洲流域洪灾间接经济影响分析

一、洪灾的直接影响冲击

　　对于洪灾而言，根据"长江三角洲水害损失与水利治理效益核算研究"课题组的测算结果，直接影响涉及农业、工业、商饮等服务业、水利等公共基础设施、农村居民住宅（房地产业）和居民财产（耐用消费品）等（表5-5）。从直接影响的绝对量看，江苏受到的损失最大，为 21.655 亿元；上海受到的损失最小，只有 0.550 亿元；浙江的直接损失介于二者之间，为 13.502 亿元。从行业看，居民财产（10.730 亿元）、商饮等服务业（8.530 亿元）、农业（8.410 亿元）和农村居民住宅（6.220 亿元）受到的损失比较大，而工业（1.81 亿元）和水利等公共基础设施（0.007 亿元）比较小。

表 5-5　2011 年长江三角洲流域内不同地区洪灾直接损失冲击

类型	类别	上海 （流域内）	江苏 （流域内）	浙江 （流域内）
洪灾造成的行业增加值损失/亿元	农业	0.190	4.890	3.330
	工业	0.020	1.270	0.520
	商饮等服务业	0.060	7.750	0.720
	水利等公共基础设施	0.000	0.005	0.002
	农村居民住宅	0.260	3.000	2.960
	居民财产	0.020	4.740	5.970
地区行业增加值/亿元	农业	124.90	774.70	289.70
	工业	7 157.10	13 363.90	2 452.20
	商饮等服务业	4 232.90	5 019.50	713.30
	水利等公共基础设施	1 512.80	2 013.60	425.10
	农村居民住宅	659.20	653.20	99.80
	居民财产	3 238.60	6 449.50	539.80
洪灾造成的行业增加值损失/%	农业	0.152 0	0.631 0	1.150 0
	工业	0.000 3	0.009 5	0.021 2
	商饮等服务业	0.001 0	0.154 0	0.101 0
	水利等公共基础设施	0.000 0	0.000 0	0.000 0
	农村居民住宅	0.039 0	0.459 0	2.966 0
	居民财产	0.001 0	0.073 0	1.106 0

资料来源：直接损失结果数据及 2011 年流域投入产出表

由于模型模拟的是行业增加值变化的影响，我们基于 2011 年流域投入产出表和直接冲击数据，计算了不同地区不同行业直接冲击的变化百分比（模型的外部输入）。从直接冲击的变化看，我们发现，虽然江苏的直接冲击绝对量数值比浙江要大，但是百分比变化却小于浙江。这是因为江苏的增加值基数大于浙江，江苏主要行业的增加值总值为 28 274.4 亿元，而浙江只有 4519.9 亿元，江苏约是浙江的 6.3 倍。

二、洪灾的宏观经济影响

模型模拟结果显示，长江三角洲流域的洪灾导致全国的 GDP 下降 0.012%，这是因为洪灾影响了行业的生产能力，从而导致其就业需求下降（-0.010%），而短期资本存量是固定的，所以全国 GDP 受到负面冲击。同时，经济活动的收缩也减少了私人消费需求。模型显示，全国的消费下降了 0.012%[①]。投资下降是经济资本回报率下降的结果。模型中，就业下降而资本存量不变，与劳动力相比，资本变得更加充足，所以资本的回报率下降（-0.012%）。同样，经济产出的减少也抑制了进出口贸易，供给的下降导致出口需求减少 0.019%，同样，进口需求也由于生产活动放缓而下降 0.005%。从二者的降幅看，出口的降幅明显超过进口，所以，整个经济实际汇率出现小幅升值（0.007%）。另外，出口贸易的下降也导致出口价格上涨（0.005%），而进口价格保持不变，因此，经济的贸易条件也得到改善。从物价水平看，洪灾确实推高了整个社会的物价水平，模型显示全国的 CPI 上涨 0.009%。这主要是由于农产品、房地产和商饮服务业的价格上涨造成的。一方面，这三种产品在居民消费的份额较大。农产品、房地产和商饮服务业三种商品占了居民总消费份额的 30%，其中，农产品占了 18%。另一方面，农产品、房地产和商饮服务业是直接受到冲击的产业而且损失幅度大，其损失幅度均超过工业损失，所以，造成其价格大幅上涨。至于政府支出，其存在一定的滞后性，即当年支出更多取决于前些年（或前一年）的区域和行业规划或预算，因此，模型假定短期（当年）政府支出是固定的。

洪灾对长江三角洲流域内三个省份及其他地区造成经济影响的百分比变化和绝对量结果见表 5-6 和表 5-7。从长江三角洲流域来看，洪灾将导致长江三角洲流域内 GDP 减少 77.7 亿元，就业人数减少 11 100 人，CPI 上涨 0.09 个百分点，投资减少 21.6 亿元，消费减少 27.4 亿元，可见 2011 年的洪灾冲击对

---

① 模型假定短期全国的消费与经济总量呈现一致变动，其经济含义为经济扩张越迅速，消费需求也增长越快，类似于收入决定支出的含义。

长江三角洲流域内经济影响明显（表 5-7）。从流域内部来看，三个省份的宏观经济影响与全国的趋势大致相同。从数量变化看，各省的 GDP、消费、投资和就业等均出现下降。上海、江苏和浙江的 GDP 分别减少了 1.6 亿元、44.8 亿元、31.4 亿元，比率分别下降 0.008%、0.166% 和 0.614%。可以看出，上海受到洪灾影响最小，而江苏受到影响最大。从就业来看，上海、江苏和浙江的就业分别减少 700 人、8000 人和 2400 人，相当于流域内三个省份总就业的 0.011%、0.213% 和 0.687%，可见江苏就业受影响最大。从价格变化看，分省的 CPI、GDP 价格和投资回报率等也与全国的变化相一致，如全国 CPI 上涨 0.009%，上海、江苏和浙江的 CPI 也分别上涨 0.006%、0.134% 和 0.322%。

表 5-6　洪灾对长江三角洲流域的间接经济影响（百分比变化）　　（单位：%）

指标	上海（流域内）	江苏（流域内）	浙江（流域内）	苏浙沪其他地区	全国其他地区
消费	−0.017	−0.219	−0.693	0.002	0.002
投资	−0.009	−0.108	−0.263	−0.004	−0.002
政府支出	0.000	0.000	0.000	0.000	0.000
出口	−0.011	−0.084	−0.201	−0.008	−0.005
进口	0.001	−0.082	−0.276	0.004	0.003
GDP	−0.008	−0.166	−0.614	0.004	0.004
就业	−0.011	−0.213	−0.687	0.008	0.008
GDP 价格	0.001	0.071	0.296	0.000	−0.001
CPI	0.006	0.134	0.322	0.004	0.001
出口价格	0.003	0.021	0.050	0.002	0.001
资本回报率	−0.009	−0.097	−0.349	−0.005	−0.003

资料来源：TERM 模型模拟结果

表 5-7　洪灾对长江三角洲流域的宏观经济影响（绝对量）

指标	上海（流域内）	江苏（流域内）	浙江（流域内）	长江三角洲流域
消费/亿元	−1.4	−14.1	−11.9	−27.4
投资/亿元	−0.7	−14.7	−6.1	−21.6
GDP/亿元	−1.6	−44.8	−31.4	−77.7
就业/人	−700	−8 000	−2 400	−11 100
CPI/%	0.01	0.13	0.32	0.09

资料来源：TERM 模型和 2011 年流域投入产出表

但通过深入研究发现全国和各区域之间也存在一定的差异，主要有以下三个方面。

（1）流域内外经济受到的间接影响不同。苏浙沪其他地区和全国其他地区并没有像上海、江苏和浙江一样，GDP 受到负面冲击，相反，这两个地区经济还出现一定程度的扩张（0.003%）。这是因为上海、江苏和浙江三个省份是直接受到冲击的，而对其余地区并没有受到直接的冲击，所以在这三个省份产业竞争力下降的同时，对其余地区有一个正向的溢出，刺激了其行业的发展。因此，这两个地区并没有受到负面冲击，相反洪灾还在一定程度上拉动了其经济。

（2）流域内三个省份经济受到的冲击幅度不同。从百分比结果可以看出，洪灾对浙江的 GDP 影响最大（−0.614%），其次是江苏（−0.166%），最后是上海（−0.008%）。但投资、消费和就业等呈现同样的趋势。这主要是因为洪灾对不同区域的直接冲击不同造成的。从冲击数据看（简单平均），浙江、江苏和上海的生产能力冲击分别为−0.848%、−0.251%和−0.039%。很明显，这与三个省份受到的经济影响趋势基本一致。同时需要说明的是，由于三个组成地区 GDP 基数差异很大，变化幅度上的差异有可能在实际经济损失时并不相同。从 GDP 影响的绝对值来看，江苏影响最大（−44.8 亿元），其次是浙江（−31.4 亿元），最后是上海（−1.6 亿元）。

（3）GDP 与消费之间变化幅度有差异。在国家结果中，可以看出 GDP 和消费是同比例变动的，但是苏浙沪的消费降幅明显超过 GDP。这主要是因为区域的私人消费主要取决于劳动力的可支配收入，而可支配收入取决于就业的表现，我们可以看到三个省份的就业大幅下降，而且其降幅超过了 GDP。因此，长江三角洲流域的私人消费（福利）下降幅度超过了 GDP（经济）。

三、洪灾对行业产出的影响

从表 5-8 中看出，长江三角洲流域所有行业都受到洪灾的负面冲击，但影响幅度相对较小。分区域看，整体上来说，浙江受到的负面冲击最大，18 个行业平均产出下降 0.60%，其次分别是江苏和上海，产出降幅分别为 0.21% 和 0.03%。这与长江三角洲流域各省的宏观 GDP 变化基本一致，同样是由于各省份的直接幅度差异造成的。分行业看，首先，农业是受到冲击最大的行业，三个省份平均下降 2.03%，其中浙江、江苏和上海分别下降 3.84%、1.90% 和 0.34%；其次，房地产业三省份平均下降 0.98%；再次，食品加工业、纺织业、木材及造纸业、商务餐饮业、公共服务业和其他服务业降幅没有超过 0.2%；最后，其余的行业受到的冲击都很小，基本上都没有超过 0.1%。

表5-8 洪灾对长江三角洲流域内行业的产出影响 （单位：%）

行业	上海	江苏	浙江
农业	−0.34	−1.90	−3.84
采掘工业	0.00	−0.07	−0.17
食品制造加工业	−0.01	−0.17	−0.30
纺织工业	−0.01	−0.11	−0.26
木材及造纸业	0.00	−0.09	−0.23
石油工业	−0.01	−0.07	−0.14
化学工业	0.00	−0.06	−0.15
冶金工业	0.00	−0.06	−0.20
机械工业	0.00	−0.14	−1.37
其他工业	0.00	−0.03	−0.17
电力工业	−0.01	−0.06	−0.13
建筑业	−0.01	−0.10	−0.25
货运邮电业	0.00	−0.03	−0.09
商饮服务业	0.00	−0.20	−0.29
金融保险业	−0.01	−0.05	−0.12
房地产业	−0.03	−0.42	−2.49
公共服务业	0.00	−0.09	−0.29
其他服务业	0.00	−0.11	−0.32

资料来源：TERM 模型模拟结果

四、洪灾的间接影响系数

根据间接影响的定义，间接影响等于总的影响扣除直接影响剩余的影响。间接影响系数为间接影响除以直接影响，该系数大于 0 表示间接影响加强了直接影响；该系数小于 0 表示间接影响削弱了直接影响。

（一）洪灾的区域间接影响系数

从表 5-9 可以看出，洪灾对长江三角洲流域的间接影响系数都为正数，也就是说，洪灾的间接影响都是加强了其直接影响。从影响的幅度看，洪灾对长江三角洲流域的间接影响系数平均为 1.47，该系数的含义为，如果洪灾造成的直接影响为 1 亿元，那么间接影响可以达到 1.47 亿元，因此，洪灾造成的总影响为 2.47 亿元。根据课题组提供的数据显示，2011 年长江三角洲流域由于洪灾造成的直接影响为 35.7 亿，间接影响系数为 1.47，所以，间接影响为 52.5 亿元，从而总影响达到 88.2 亿元。

表 5-9　洪灾的区域间接影响系数

类型	上海	江苏	浙江	长江三角洲流域
直接影响/亿元	0.6	21.7	13.5	35.7
间接影响/亿元	1.1	32.1	19.4	52.5
总影响/亿元	1.7	53.7	32.9	88.2
间接影响系数/倍	1.83	1.48	1.44	1.47

资料来源：TERM 模型模拟结果

分区域看，三个省份的间接影响系数存在一定的差异。其中，江苏和浙江的间接影响系数与长江三角洲流域基本保持一致，分别为 1.48 和 1.44；而上海的间接影响系数要高于长江三角洲流域，达到 1.83。但是从间接影响的绝对数值看，江苏和浙江的间接影响分别达到 32.1 亿元和 19.4 亿元，而上海只有 1.1 亿元。这是因为上海的直接影响较小，只有 0.6 亿元，而江苏和浙江的直接影响分别为 21.7 亿元和 13.5 亿元。因此，长江三角洲流域的直接影响和间接影响主要来自江苏和浙江。

（二）洪灾的行业间接影响系数

与区域间接影响系数相同，行业间接影响系数正值同样表示在行业层面间接影响加强了直接影响。分行业看，各区域平均的直接冲击行业间接影响系数大致为 0.5～17。其中，比较大（超过 10）的有两个行业：食品制造加工业（16.1）和纺织工业（11.1）。而像机械工业（0.5）、商务餐饮业（0.5）和房地产业（0.9）的间接影响系数较小，都没有超过 1。其他的行业系数介于二者之间。可以看出，食品制造业和纺织业对洪灾最为敏感，长江三角洲流域一旦发生洪灾，这两个行业受到间接冲击程度将远大于其直接受到的冲击（表 5-10）。

表 5-10　洪灾对长江三角洲流域直接冲击行业的间接影响系数　（单位：倍）

行业	上海	江苏	浙江	流域平均
农业	1.3	2.0	2.3	2.1
食品制造加工业	44.7	16.5	13.1	16.1
纺织工业	16.0	10.9	11.2	11.1
木材及造纸业	11.7	8.4	9.6	9.0
石油工业	27.7	6.4	5.6	6.8
化学工业	10.5	5.6	6.1	5.8
冶金工业	11.7	5.6	8.2	6.1
机械工业	0.5	0.7	0.2	0.5
其他工业	15.6	2.3	7.0	4.1
电力工业	29.3	4.8	5.2	5.7
商饮服务业	1.6	0.3	1.8	0.5
房地产业	0.8	0.9	0.8	0.9

资料来源：TERM 模型模拟结果

针对上海来说，洪灾主要影响的行业包括房地产、农业、商饮服务业、食品加工业四个行业，分别为 0.742 亿元、0.428 亿元、0.155 亿元、0.108 亿元，总影响约占全部影响的 87.6%。而从间接影响系数来看，上海市洪灾间接影响系数最大的是食品制造业、电力工业、石油工业三个行业，均超过 25 倍，表明发生洪灾时，这三个行业的间接影响将是其直接影响的 25 倍以上（图 5-6）。

针对江苏来说，洪灾主要影响的行业包括房地产、农业、商饮服务业、机械工业四个行业，分别为 14.70 亿元、12.49 亿元、10.28 亿元、9.29 亿元，总影响约占全部影响的 90%。而从间接影响系数来看，江苏洪灾间接影响系数最大的是食品制造加工业、纺织业、木材及造纸业三个行业，均超过 8 倍，表明发生洪灾时，这三个行业的间接影响将是其直接影响的 8 倍以上（图 5-7）。

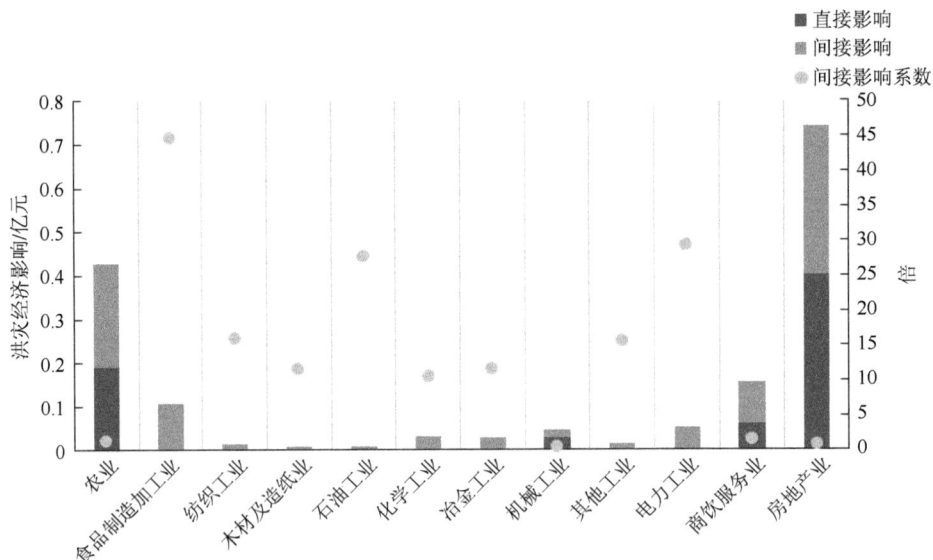

图 5-6　洪灾对上海（流域内）各行业的间接经济影响

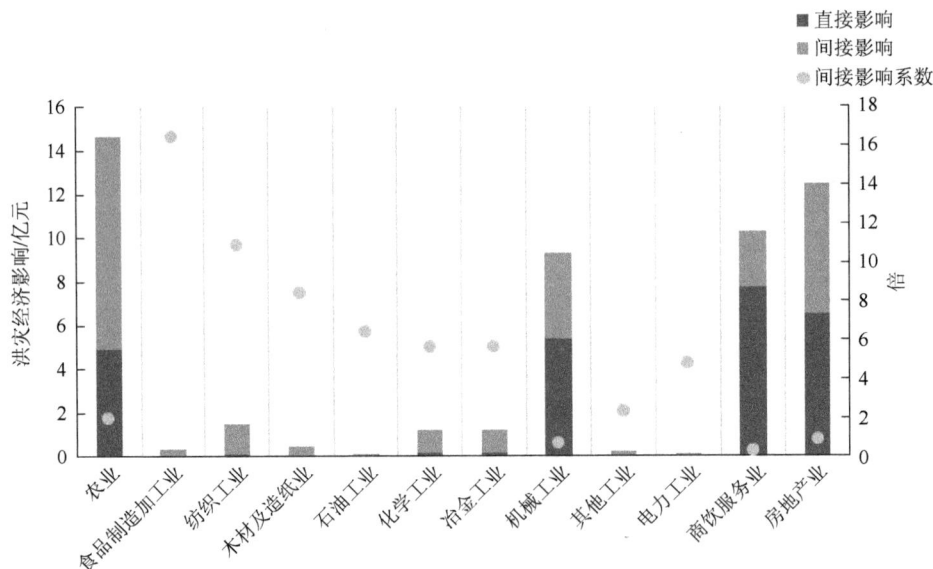

图 5-7　洪灾对江苏（流域内）各行业的间接经济影响

针对浙江来说，洪灾主要影响的行业包括房地产、农业、机械工业、商饮服务业四个行业，分别为 12.84 亿元、11.11 亿元、7.39 亿元、2.04 亿元，总影响约占全部影响的 89.7%。而从间接影响系数来看，浙江洪灾间接影响系数最大的是食品制造加工业、纺织业、木材及造纸业三个行业，分别为 10～13，表明发生洪灾时，这三个行业的间接影响将是其直接影响的 10 倍以上（图 5-8）。

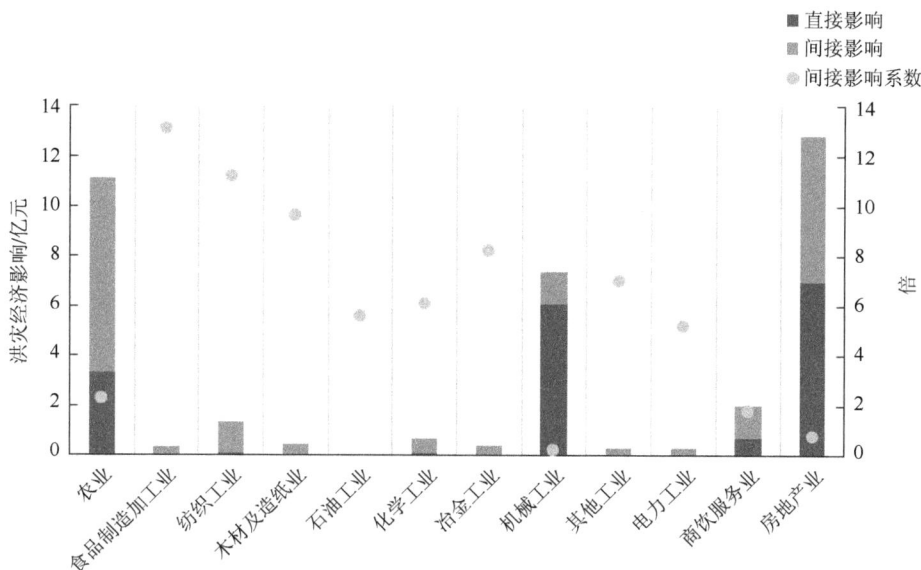

图 5-8 洪灾对浙江（流域内）各行业的间接经济影响

第三节 长江三角洲流域旱灾间接经济影响分析

一、旱灾的直接影响冲击

对于旱灾而言，根据"长江三角洲水害损失与水利治理效益核算研究"课题组的测算结果，直接影响主要以增加值为主，仅涉及农业一个行业。从直接影响的绝对量看，江苏受到的影响最大，为 4.43 亿元；上海受到的影响最小，只有 0.33 亿元；浙江受到的直接影响介于二者之间，为 1.79 亿元（表 5-11）。

表 5-11 2011 年不同地区旱灾直接影响冲击

旱灾增加值影响（农业）	上海	江苏	浙江
直接增加值影响/亿元	0.33	4.43	1.79
行业增加值/亿元	124.94	774.67	289.68
增加值影响/%	0.2641	0.5719	0.6179

资料来源：直接损失结果数据及 2011 年流域投入产出表

因为模型是通过行业增加值的变化来进行模拟分析的，所以我们基于 2011 年流域投入产出表和直接影响冲击数据，计算了不同地区农业直接冲击的变化百分比（模型的外部输入）。从直接冲击的变化看，我们发现，虽然江苏的直接冲击绝对量数值比浙江要大，但是百分比变化却小于浙江。这主要由于江苏的增加值基数大于浙江，江苏农业的增加值总值为 4.43 亿元，而浙江只有 1.79 亿元，江苏约是浙江的 2.5 倍。而上海是属于直接冲击较小，而且农业增加值也较小，所以，百分比变化幅度大幅低于江苏和浙江。

二、旱灾的宏观经济影响

结果显示，长江三角洲流域的旱灾导致全国的 GDP 下降 0.0011%，这是由于旱灾伤及了农业行业的生产能力。与洪灾不同，全国的就业并没有下降，反而有小幅的增加，这是由于长江三角洲流域的农业受损，导致其他地区的农业扩张，从扩大了其他地区的就业。从份额看，长江三角洲流域在全国农业中的就业只占 2.5%，其他地区占了 97.5%，因此，全国就业出现小幅的扩张。同时，经济活动的收缩也减少了消费需求（−0.0011%），资本回报率的下降减少了投资的活动（−0.0013%），出口价格的上涨致使出口规模小幅下滑。因为长江三角洲流域进口下降被其他地区进口的扩张抵消了，所以进口基本保持不变。与洪灾相同，旱灾也推高了整个社会的物价水平，模型显示，全国的 CPI 上涨了 0.0017%，这主要是由旱灾导致农产品的价格大幅上涨造成的，农产品及其下游行业食品加工业占了居民消费的份额 35%，因此，其价格的上涨推高了 CPI。

旱灾对长江三角洲流域内三个省份及其他地区造成经济影响的百分比变化和绝对量结果见表 5-12 和表 5-13。从长江三角洲流域来看（表 5-13），旱灾将导致长江三角洲流域内 GDP 减少 15.9 亿元，就业人数减少 0.32 万人，投资减少 4.3 亿元，消费减少 7.1 亿元，可见 2011 年的旱灾冲击对长江三角洲流域内经济的影响并不显著，仅相当于洪灾的 1/5。分区域来看，长江三角洲流域内各省份的宏观经济影响与全国数量指标的趋势大致相同，但是价格指标存在一定的差异。从数量变化看，分省的 GDP、消费、出口、进口和投资等均出现下降。唯一一个不同是就业的表现，全国的就业增加，但是长江三角洲流域的就业却是下降的，这是因为其他地区农业竞争力的改善增加了就业，而且幅度大于长江三角洲流域的影响。从价格变化看，分省的 CPI、GDP 价格和出口价格等与全国的变化也不完全一致。例如，全国 CPI 上涨 0.0017%，上海、江苏和浙江的 CPI 分别上涨 0.0007%、−0.0174% 和 0.0015%，这是由于江苏的房地产份额占消费者支出比例较高，达到 20%，而浙江和上海只有 5%，而且该行业是高度的资本密集型行业，超过 75% 都是资本投入，供给弹性较小，其下游行业消费和投资需求下降导致其价格大幅下跌。GDP 价格指数主要是取决于两方面的因素，一个因素是直接的冲击推高价格；另一个因素是要素市场影响降低价格。对于上海和江苏而言，因为冲击相对较小所以要素市场的影响较大。而浙江直接生产能力冲击最大，所以整个影响是 GDP 价格上涨。

表 5-12　长江三角洲流域旱灾的间接经济影响（百分比变化）　　（单位：%）

指标	上海（流域内）	江苏（流域内）	浙江（流域内）	苏浙沪其他地区	全国其他地区
消费	−0.015 2	−0.051 9	−0.145 5	0.002 5	0.003 1
投资	−0.006 0	−0.018 3	−0.054 7	−0.001 0	0.000 2
政府支出	0.000 0	0.000 0	0.000 0	0.000 0	0.000 0
出口	0.001 4	0.007 4	0.005 0	−0.001 6	−0.001 9
进口	−0.002 9	−0.002 8	−0.024 1	0.000 0	0.000 8
GDP	−0.008 2	−0.033 7	−0.101 9	0.002 1	0.002 6
就业	−0.013 0	−0.049 7	−0.143 4	0.004 7	0.005 3
GDP 价格	−0.001 3	−0.005 3	0.005 3	0.001 0	0.001 5
CPI	0.000 7	−0.017 4	0.001 5	0.003 3	0.002 3
出口价格	−0.000 3	−0.001 9	−0.001 3	0.000 4	0.000 5
资本回报率	−0.007 0	−0.017 2	−0.051 4	−0.002 0	0.000 0

资料来源：TERM 模型模拟

表 5-13　长江三角洲流域旱灾的宏观经济影响（绝对量）

指标	上海（流域内）	江苏（流域内）	浙江（流域内）	长江三角洲流域
消费/亿元	−1.3	−3.3	−2.5	−7.1
投资/亿元	−0.5	−2.5	−1.3	−4.3
GDP/亿元	−1.6	−9.1	−5.2	−15.9
就业/万人	−0.08	−0.19	−0.05	−0.32
CPI/%	0.001	−0.017	0.001	—

资料来源：TERM 模型和 2011 年流域投入产出数据

此外，我们还发现，长江三角洲流域的农业受到冲击的同时，刺激了其他地区农业的产出扩张，从而带动了其经济增长，因此显示一个正向的溢出效应。长江三角洲流域不同区域的 GDP 影响也与直接冲击幅度相关，如浙江的农业直接最大（–0.62%），其次是江苏（–0.57%）和上海（–0.26%），GDP 的影响也体现了相同的趋势，这说明第一轮的直接冲击幅度基本上决定了区域的经济表现。

三、旱灾对行业产出的影响

从表 5-14 中看出，旱灾只对长江三角洲流域的农业造成冲击，而对于其他行业的产出影响幅度较小。其中，长江三角洲流域内上海、江苏和浙江的农业产出分别下降 0.660%、1.365% 和 1.608%。而食品制造加工业也由于上游农产品的价格上涨导致产出出现一定的下滑。上海、江苏和浙江分别下降 0.009%、0.057% 和 0.057%。而其他行业的产出下降均比较小，都没有超过 0.020%。

表 5-14　旱灾对长三角流域内行业的产出影响（百分比变化）　　（单位：%）

行业	上海	江苏	浙江
农业	−0.660	−1.365	−1.608
采掘工业	0.000	0.009	0.001
食品制造加工业	−0.009	−0.057	−0.057
纺织工业	−0.002	−0.008	−0.014
木材及造纸业	−0.002	−0.001	−0.009
石油工业	−0.001	0.005	0.000
化学工业	−0.001	0.001	−0.005
冶金工业	0.000	0.006	0.000
机械工业	0.000	0.007	−0.002
其他工业	−0.001	0.002	−0.002
电力工业	−0.001	0.003	−0.003
建筑业	−0.004	−0.005	−0.023
货运邮电业	−0.001	0.002	−0.003
商饮服务业	−0.002	−0.002	−0.016
金融保险业	−0.001	0.003	−0.005

续表

行业	上海	江苏	浙江
房地产业	−0.003	−0.009	−0.026
公共服务业	−0.004	−0.002	−0.026
其他服务业	−0.001	0.006	−0.011

资料来源：TERM 模型模拟结果

四、旱灾的间接影响系数

（一）旱灾对区域的间接影响系数

从表 5-15 可以看出，旱灾对长江三角洲流域的间接影响系数都为正，也就是说，旱灾的间接影响都是加强了其直接影响。从影响的幅度看，旱灾对长江三角洲流域的间接影响系数平均为 1.56，该系数的含义为，如果旱灾造成的直接影响为 1 亿元，那么间接影响可以达到 1.56 亿元，因此，旱灾造成的总影响为 2.56 亿元。根据课题组提供的数据显示，2011 年长江三角洲流域由于旱灾造成的直接影响为 6.55 亿元，间接影响系数为 1.56，所以，间接影响为 10.23 亿元，从而总影响达到 16.78 亿元。

表 5-15　旱灾的区域间接影响系数

类型	上海	江苏	浙江	长江三角洲流域
直接影响/亿元	0.33	4.43	1.79	6.55
间接影响/亿元	0.70	6.12	3.41	10.23
总影响/亿元	1.03	10.55	5.20	16.78
间接影响系数/倍	2.13	1.38	1.91	1.56

资料来源：TERM 模型模拟结果

分区域看，三个省份的间接影响系数存在一定的差异。其中，上海和浙江的间接影响系数较大，分别为 2.13 和 1.91；而江苏的间接影响系数要低于长江三角洲流域整体，为 1.38。但是从间接影响的绝对数值看，江苏和浙江的间接影响较大，分别达到 6.12 亿元和 3.41 亿元；而上海只有 0.70 亿元。这是由上海的直接影响较小造成的，数据显示，上海的直接影响只有 0.33 亿元，而江苏和浙江的直接影响分别为 4.43 亿元和 1.79 亿元。因此，长江三角洲流域旱灾的直接和间接影响主要来自江苏和浙江。

（二）旱灾对行业的间接影响系数

从系数的方向看，旱灾上海、江苏和浙江三个省份的农业间接影响都强化了直接影响。从系数变化幅度看，三个省份的农业间接影响系数大致为 1.45。另外，虽然江苏的农业间接影响系数（1.39）略小于上海（1.50）和浙江（1.60），但是其直接影响较大达到 4.43 亿，因此，从计算出的间接影响也是最大的，为 6.14 亿，占比超过了长江三角洲流域农业间接影响的 60%。另外，结合上面区域增加值的变化可以发现，农业影响几乎解释了绝大部分各省的总影响变化。

第四节　长江三角洲流域水污染间接经济影响分析

一、水污染的直接影响冲击

根据"长江三角洲水害损失与水利治理效益核算研究"课题组的测算结果，长江三角洲流域 2011 年水污染直接影响数据既包括增加值影响，也包括生产成本上涨影响。其中，农业和旅游业是增加值的影响，工业和市政属于成本增加的影响。另外，直接影响也包含居民消费瓶装水和桶装水的支出增加。从增加值直接影响的绝对量看，浙江的农业影响最大达到 57.2 亿元，其中，江苏和上海分别为 38.2 亿元和 38.5 亿元。而旅游业增加值的影响相对较小，其中，浙江是最大的，但只有 1.3 亿元。从生产成本上涨看，上海的工业和市政成本都上涨最大，分别为 82.5 亿元和 9.6 亿元，而江苏和浙江的工业和市政成本上涨要相对较小。尤其是江苏的工业成本上涨只有上海的 1/5，市政工业成本上涨只有上海的 1/50。而浙江的直接影响基本上介于二者之间。

由于模型模拟的是行业增加值变化的影响，我们基于 2011 年流域投入产出表和直接冲击数据，计算了不同地区不同行业直接冲击的变化百分比（模型的外部输入，具体参见表 5-16）。

表 5-16　2011 年不同地区水污染直接影响冲击

类型	类别	上海	江苏	浙江
水污染造成的行业 增加值损失/亿元	农业	35.5	38.2	57.2
	工业（生产成本）	82.5	16.6	29.2
	市政工业（运行成本）	9.6	0.2	1.5
	旅游收入	0.5	1.1	1.3
行业增加值/亿元	农业	125	775	290
	工业（总产值）	33 605	62 995	11 357
	市政工业（总产值）	230	385	197
	旅游收入	4 233	5 019	713
水污染造成的行业 增加值损失/%	农业	28.4	4.9	19.8
	工业（增加的税率）	0.002 5	0.000 3	0.002 6
	市政工业（增加的税率）	0.041 7	0.000 6	0.007 5
	旅游收入	0.01	0.02	0.18
家庭消费	支出增加/亿元	48.6	48.8	17.3
	食品加工支出/亿元	852.5	381.8	168.1
	食品加工支出/%	5.7	12.8	10.3

资料来源：直接损失结果数据及 2011 年流域投入产出表

二、水污染的宏观经济影响

结果显示，长江三角洲流域的水污染导致全国的 GDP 下降 0.04%，这是由于水污染在伤及农业和旅游业生产能力的同时，也增加了工业和水污染的治理成本，从而降低了经济的就业需求（−0.028%）。同时，经济活动的收缩也减少了私人消费需求，全国的私人消费下降 0.04%。资本回报率下降打击了投资活动（−0.083%）。出口价格下降增加本国产品的竞争力刺激出口需求增加 0.014%，进口需求则是由于生产活动放缓而下降 0.031%。从二者的变化来看，出口增加，进口下降，所以，整个经济贸易平衡得到改善。同时，从物价水平来看，水污染确实推高了整个社会的物价水平，模型显示，全国的 CPI 上涨 0.041%。这主要是由农产品和食品制造业的价格上涨造成的。农产品由于直接的冲击导致成本增加价格上涨，农产品又是食品制造业的主要上游部门，成本的增加传导到下游部门。而且这两个部门占消费的比例超过 35%，因此，成本上涨明显推高了国内的 CPI 水平。

　　水污染对长江三角洲流域内三个省份及其他地区造成经济影响的百分比变化和绝对量结果见表 5-17 和表 5-18。从长江三角洲流域来看，洪灾将导致长江三角洲流域内的 GDP 减少 360.0 亿元，就业人数减少 11.62 万人，CPI 上涨 0.30 个百分点，投资减少 178.3 亿元，消费减少 208.4 亿元，可见 2011 年的水污染灾害冲击对长江三角洲流域内的经济影响明显。从流域内部来看，三个省份的宏观经济影响与全国的趋势大致相同。分省的 GDP、消费、投资和就业等均出现下降。全国的 GDP 下降 0.04%，同样，上海、江苏和浙江的 GDP 也分别下降 0.84%、0.20% 和 2.84%。全国的就业下降 0.028%，同样，上海、江苏和浙江的就业也分别下降 1.43%、0.26% 和 4.24%。

表 5-17　长江三角洲流域水污染的间接经济影响（百分比变化）　　（单位：%）

指标	上海（流域内）	江苏（流域内）	浙江（流域内）	苏浙沪其他地区	全国其他地区
消费	−1.44	−0.27	−4.24	0.06	0.10
投资	−1.24	−0.23	−2.20	−0.04	0.00
政府支出	0.00	0.00	0.00	0.00	0.00
出口	0.14	0.18	0.19	−0.01	−0.04
进口	−0.57	−0.01	−0.95	−0.01	0.02
GDP	−0.84	−0.20	−2.84	0.03	0.05
就业	−1.43	−0.26	−4.24	0.06	0.11
GDP 价格	−0.27	−0.21	−0.08	0.02	0.04
CPI	−0.23	−0.42	−0.23	0.10	0.07
出口价格	−0.03	−0.05	−0.05	0.00	0.01
资本回报率	−1.24	−0.24	−2.29	−0.06	0.00

　　资料来源：TERM 模型模拟结果

表 5-18　长江三角洲流域水污染的宏观经济影响（绝对量）

指标	上海（流域内）	江苏（流域内）	浙江（流域内）	长江三角洲流域
消费/亿元	−118.6	−17.1	−72.7	−208.4
投资/亿元	−96.2	−30.7	−51.5	−178.3
GDP/亿元	−161.3	−53.8	−144.8	−360.0
就业/万人	−9.18	−0.97	−1.47	−11.62
CPI/%	−0.23	−0.42	−0.23	−0.30

资料来源：TERM 模型和 2011 年流域投入产出表数据

　　各省份的宏观经济价格变化与全国的趋势不完全一致。其中，长江三角洲流域的 CPI、GDP 价格和全国的变化完全相反，这是由于其他区域的价格上涨影响超过了长江三角洲流域价格下降的影响。而各省份的出口价格与投资回报率等与全国的变化相一致。因为长江三角洲是我国重要的港口，出口在全国占比较高，所以，出口价格的下降超过了其他区域出口价格的上涨。

　　此外，我们也同样发现了水污染会对其他地区带来正面的溢出效应，两个其他地区由于农业和食品制造业的扩张导致 GDP 和就业都出现改善。不同的区域受到的影响程度也与各自的直接冲击高度相关，如直接冲击的强度排序分别为浙江、上海和江苏。同样，我们发现 GDP 和就业影响也呈现同样的排序。

　　此外，还有一点需要注意的是，虽然长江三角洲流域的私人消费水平都下降了，但是，上海、江苏和浙江对食品制造业的消费却扩张了，这是因为在水污染灾害中，居民增加了瓶装水及桶装水和水净化装置的支出，因此，上海、江苏和浙江食品制造加工业分别增长了 5.7% 和 12.8% 和 10.3%（表 5-19）。由于居民增加了该部分支出，从而进一步减少了对其他生活用品的消费，促使居民的消费结构发生了改变。

表 5-19　水污染对长江三角洲流域私人消费品的影响（百分比变化）　（单位：%）

行业	上海	江苏	浙江
农业	−2.8	−1.8	−7.5
采掘工业	−2.8	−1.5	−7.5
食品制造加工业	5.7	12.8	10.3
纺织工业	−2.7	−1.5	−7.3
木材及造纸业	−2.9	−1.6	−7.8

续表

行业	上海	江苏	浙江
石油工业	−2.8	−1.5	−7.6
化学工业	−2.9	−1.6	−7.8
冶金工业	−2.9	−1.6	−7.8
机械工业	−2.9	−1.6	−7.7
其他工业	−2.9	−1.5	−7.8
电力工业	−2.8	−1.5	−7.4
建筑业	−2.6	−1.5	−7.3
货运邮电业	−2.8	−1.5	−7.5
商务餐饮服务业	−3.1	−1.6	−8.4
金融保险业	−3.1	−1.5	−9.1
房地产业	0	−0.2	−1
公共服务业	−3.1	−1.5	−8.5
其他服务业	−3.7	−1.8	−10.1

资料来源：TERM 模型模拟结果

三、水污染对行业产出的影响

总的来说，水污染对长江三角洲流域的行业产生了一定的负面冲击。分区域看，浙江受到的负面冲击最大，大部分集中在一些服务业部门（房地产、公共服务、商务餐饮和建筑业等）。然后是上海，基本上各个行业的产出都出现下降，降幅为−0.5%～−0.2%。江苏的情况与上海和浙江完全不同，我们发现，除去个别服务业部门外（房地产、公共服务、商务餐饮和建筑业），大多数行业都出现了产出扩张的态势。宏观上来讲，这是由于对江苏的直接冲击较小造成的。

分行业看（表5-20），农业是受到冲击最大的行业，三个省份平均下降33.47%，其中浙江、上海和江苏分别下降39.37%、51.25%和9.80%。然后是房地产业、商务餐饮业和建筑业。房地产超过80%都是用于消费和投资活动，而宏观的消费和投资双双出现下降，所以，房地产业的产出下降。商务餐饮业也主要是由于私人消费需求下降拉动产出下滑。建筑业是由于绝大部分都是用来投资的（75%），水污染导致区域的回报率下降放缓了投资活动，所以，建筑业也出现产出收缩。

表 5-20　水污染对长三角流域行业的产出影响（百分比变化）　　（单位：%）

行业	上海	江苏	浙江
农业	−51.25	−9.80	−39.37
采掘工业	−4.02	0.16	−0.53
食品制造加工业	0.28	0.65	−0.43
纺织工业	−0.42	−0.01	−0.68
木材及造纸业	−0.30	0.06	−0.48
石油工业	−0.42	0.09	−0.39
化学工业	−0.26	0.06	−0.32
冶金工业	−0.25	0.10	−0.22
机械工业	−0.31	0.12	−0.32
其他工业	−0.20	0.04	−0.22
电力工业	−0.21	0.04	−0.29
建筑业	−0.67	−0.07	−0.85
货运邮电业	−0.02	0.05	−0.07
商饮服务业	−0.14	−0.01	−0.70
金融保险业	−0.14	0.03	−0.21
房地产业	−0.45	−0.18	−1.16
公共服务业	−0.43	−0.04	−1.04
其他服务业	0.07	0.20	−0.16

资料来源：TERM 模型模拟结果

　　此外，我们发现许多行业产出扩张。其中，扩张最大的是江苏的食品加工制造业，其产出上涨 0.65%；上海也上涨了 0.28%；但是浙江却下降了 0.43%。这主要是由于两方面原因造成的：一方面，对瓶装水（桶装水）的需求大幅增加，刺激产出的扩张；另一方面，推高的价格面临来自其他区域的竞争压力加大，而江苏和上海明显是正面产出拉动较大，因为这两个省份调出到两个其他地区的份额相对较低，而浙江调出到其他地区的份额达到了 46%，因此，价格的上涨导致其竞争压力加大降低了产出。其余的行业受到的正面影响都很小，基本上都没有超过 0.2%。

四、水污染的间接影响系数

（一）水污染对区域的间接影响系数

从表 5-21 可以看出，水污染对长江三角洲流域的间接影响系数均为正数，表明水污染的间接影响均加强了其直接影响。从影响的幅度看，水污染对长江三角洲流域的间接影响系数平均为 2.21，要高于旱灾的 1.56 和洪灾的 1.47。根据课题组提供的数据显示，2011 年长江三角洲流域由于水污染造成的直接影响为 163.67 亿，间接影响系数为 2.21，所以间接影响为 361.47 亿元，从而总影响达到 525.14 亿元。

表 5-21　　水污染的区域间接影响系数

类型	上海	江苏	浙江	长江三角洲流域
直接影响/亿元	55.66	42.90	65.11	163.67
间接影响/亿元	193.14	39.47	128.92	361.71
总影响/亿元	248.80	82.37	194.03	525.38
间接影响系数/倍	3.47	0.92	1.98	2.21

资料来源：TERM 模型模拟结果

分区域看，三个省份的间接影响系数存在较大的差异。其中，江苏和浙江的间接影响系数较小，分别为 0.92 和 1.98；而上海的间接影响系数要大幅高于长江三角洲流域，达到 3.47。从间接影响的绝对数值看，上海和浙江的间接影响较大，分别达到 193.14 亿元和 128.92 亿元，而江苏仅为 39.47 亿元。原因在于江苏的直接影响较小，仅为 42.90 亿元，而上海和浙江的直接影响分别为 55.66 亿元和 65.11 亿元。因此，长江三角洲流域水污染的直接和间接影响主要来自上海和浙江。

（二）水污染对行业的间接影响系数

从行业间接影响系数的方向看，水污染的行业间接影响系数既有正值也有负值（表 5-22），即有的行业间接影响是加强了直接影响（正值），有的行业是间接影响削弱了直接影响（负值）。这一点与旱灾和洪灾有很大的不同，旱灾和洪灾无论是区域和行业的间接影响系数都是正值，即加强了直接影响。

表 5-22　水污染对冲击行业的间接影响系数　（单位：倍）

行业	上海	江苏	浙江	长江三角洲流域
农业	0.8	1.0	1.0	0.9
采掘工业	−1.8	1.1	−1.6	−1.7
食品制造加工业	3.3	52.3	0.5	4.6
纺织工业	−2.5	−2.3	−3.2	−2.9
木材及造纸业	−2.1	0.4	−2.7	−2.1
石油工业	−2.4	1.5	−2.3	−2.3
化学工业	−2.1	−0.3	−2.5	−2.0
冶金工业	−2.0	1.6	−1.8	−1.3
机械工业	−2.3	2.0	−2.5	−1.7
其他工业	−2.1	−2.2	−2.1	−2.1
电力工业	−2.5	−3.3	−3.3	−2.8
商饮服务业	12.0	−0.5	2.9	3.1

资料来源：TERM 模型模拟结果

　　分行业看，除农业、食品制造加工业和商饮服务业外，各行业的间接影响系数都是负值，大致为−2.9～−1.3。其中，农业的间接影响系数都是正值，这是因为水污染使农产品价格大幅上涨，从而使进口农产品和长江三角洲以外的农产品大幅替代长江三角洲流域的农产品，所以间接影响强化了直接影响。食品制造加工业是因为上游的农产品价格上涨和下游消费需求（瓶装水和桶装水需求增加）增加共同导致成本进一步上涨。其中，江苏的间接影响系数达到 52.3 是由于江苏食品制造加工业的直接冲击太小造成的，我们发现，江苏的直接成本冲击只有上海和浙江的 1/10。商饮服务业由于其主要是用作流通运输需要的行业，因为整个经济下滑，所以对流通服务的需求减少，从而强化了直接冲击的影响。

　　针对上海来说，水污染主要影响的行业包括农业、机械工业、食品加工制造业、化学工业四个行业，影响分别为 64.0 亿元、−56.8 亿元、18.3 亿元、−10.7 亿元。其中，农业和食品加工制造业总体来看是受到水污染的负面影响（损失），而机械制造和化学工业则受到水污染的正面影响（促进）。从间接影响系数来看，除商饮服务业、农业、食品制造加工业外，剩余行业的间接影响系数均为负数，表明多数行业间接影响并非直接影响的强化和延续，而是对直接影响产生对冲，削弱直接影响。可以看出，多数行业的间接影响系数均在-2左右。具体如图5-9所示。

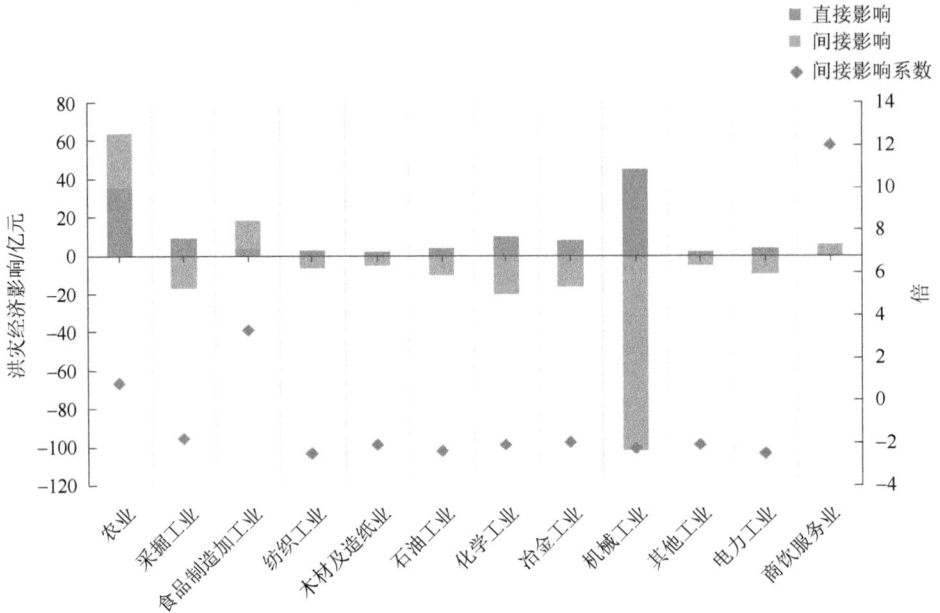

图 5-9　水污染对上海（流域内）各行业的间接经济影响

针对江苏来说，水污染主要影响的行业包括农业、机械工作、食品制造加工业三个行业，GDP分别减少了75.9亿元、24.3亿元、10.9亿元，约占所有影响的90%。从间接影响系数来看，各行业间接影响系数基本处于-3～2。其中，大于0的有七个行业，分别是农业、采掘工业、食品制造加工业、木材及造纸业、石油工业、冶金工业、机械工业；另外还有五个行业的间接影响系数小于0，表明间接影响对直接影响形成对冲，分别为纺织工业、化学工业、其他工业、电力工业、商饮服务业。具体如图5-10所示。

针对浙江来说，水污染主要影响的行业是农业，且其直接和间接影响均为损失，GDP总共减少114亿元。纺织工业、化工工业、机械工业、冶金工业等行业受到的影响也较大。从间接影响系数来看，农业、食品加工制造业、商饮服务业三个行业间接影响系数均大于0，表明其间接影响强化了直接影响；而剩余行业间接影响系数均小于0，表明其间接影响弱化了直接影响，其中电力工业和纺织工业的间接影响系数均小于3。具体如图5-11所示。

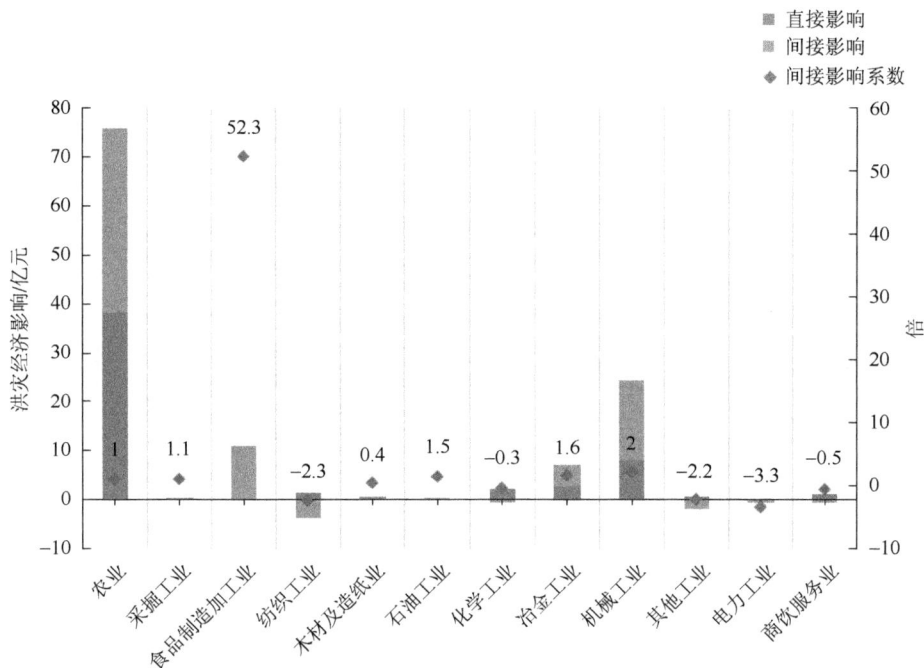

图 5-10　水污染对江苏（流域内）各行业的间接经济影响

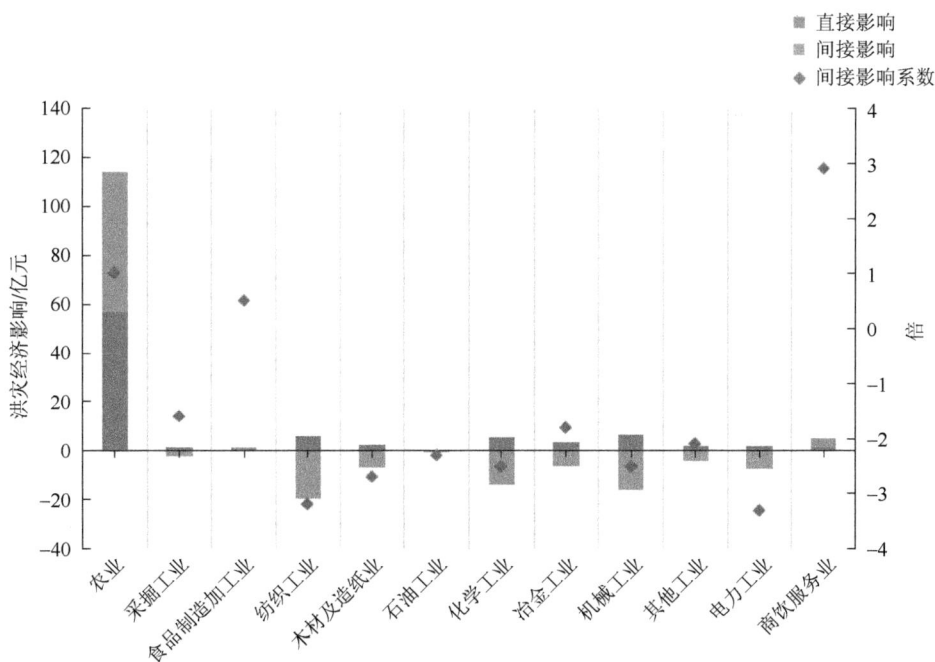

图 5-11　水污染对浙江（流域内）各行业的间接经济影响

第六章　主要结论和政策建议

第一节　主要结论

一、基于一般均衡理论框架的水害间接经济影响评估科学可行

宏观经济的一般均衡理论认为，经济系统各部分都存在紧密联系，并处于一种均衡状态。而水害作为突发性冲击事件将打破区域经济均衡状态，并通过国民经济产业关联体系，以价格变动为导体传导到区域内外部经济系统各方面，包括GDP、产业结构、进出口贸易、居民福利及就业等。另外，这种间接经济影响不仅发生在长江三角洲流域内部，还通过区域间经济联系传导到长江三角洲流域外部。这就是水害间接经济影响的一般均衡经济学机理。

本书以长江三角洲流域为例，构建单流域多区CGE模型来反映流域内部各行政区之间的经济关联影响情况，并定量化评估了长江三角洲流域2011年洪灾、旱灾和水污染三类水害的间接经济影响，更加细致地勾勒出水害在长江三角洲流域内部的传导机制和区域特征。在此基础上，构建了长江三角洲流域间接影响系数体系，用于表征反映水害直接经济影响与间接经济影响的倍数关系，从而为减灾救灾决策提供简便快速有用的科学工具。

总体来看，基于一般均衡理论框架的水害间接经济影响评估科学可行，能够为长江三角洲流域开展全面影响评估和救灾政策提供科学决策支持。

二、长江三角洲流域水害间接影响具有显著的区域和行业特征差异

基于多区域CGE模型，可以较容易测度长江三角洲三类水害对流域内各区域及流域外区域在行业层面的宏观经济影响。通过实证分析发现，长江三角洲流域水害的间接影响具有显著的区域和行业差异特征。

　　从三种类型来看，水污染由于直接影响更大，其所带来的间接影响也最大。另外，不同区域受到的影响程度也与各自的直接冲击高度相关，如直接冲击的强度排序分别为浙江、上海和江苏。同样，我们发现，GDP和就业影响也呈现同样的排序。

　　从行业特征来看，在经济越发达的地区，水害对服务业的间接影响更为显著，这在一定程度上反映了水害与经济结构和经济发展阶段的相关性特征。

　　此外，我们还发现，不同类型的水害对流域内外区域的间接经济影响具有较大差异。水污染对其他地区（苏浙沪其他地区和全国其他地区）带来正面的溢出效应，两个其他地区由于农业和食品加工制造业的扩张导致GDP和就业都出现改善。

　　在流域内部，不同类型水害间接影响在区域和行业上也表现不同。例如，洪灾的间接影响基本上都是加强了直接影响，间接影响系数基本上都是正的，并且上海的间接影响系数最大，远远超过江苏和浙江；食品制造加工业的间接影响系数最大。并非所有行业的间接影响都是加强了直接影响，上海的农业和上海的房地产业就减弱了直接影响。而水污染方面，江苏的间接影响系数基本上都是负的，即减弱了直接影响，而且削弱的幅度较大；而上海的影响系数基本上都是正的，即加强了第一轮的直接影响；浙江的情况正好介于二者之间。整体来看，不同类型水灾，在不同地区不同行业间接效应有可能加强了直接效应，也有可能减少了直接效应，表明了行业和地区的差异性和特殊性，这正是单区域模型无法捕获到的特征。

三、水害的间接经济影响在加强直接影响的同时也有可能起到缓冲作用

　　经济系统的内在复杂关联特征使得流域内有些行业在受到水污染灾害冲击时，由于区域间和区域内部行业结构的差异，导致行业竞争优势的加强或重新排序，进而在各区域存在不同表现，有些地区或行业受到的间接影响加强了直接影响，有些地区或行业由于经济系统的自调节能力较强，对直接影响起到缓冲作用，

即受到的实际冲击并没有直接看起来的那么大。并且，这种差异性存在于不同类型水灾害和不同区域中，如苏浙沪其他地区和全国其他地区并没有像上海、江苏和浙江一样，GDP 受到负面冲击，相反，这两个地区经济还出现一定程度的扩张，这是因为上海、江苏和浙江三个省份是直接受到冲击的，而其余地区并没有受到直接的冲击，在这三个省份产业竞争力下降的同时，对其余地区有一个正向的溢出，刺激了其行业的发展。因此，这两个地区并没有受到负面冲击，相反还在一定程度上拉动了其经济。另外，水污染灾害使得上海地区的农业和食品加工业总体来看是受到水污染负面影响的，但却在一定程度上促进了机械制造和化学工业的发展。针对浙江而言，水污染导致的间接影响加重了农业、食品制造业、商饮服务业等行业的经济损失，但由于经济系统的内部调节机制，反而减小了对电力和纺织行业的直接损失。

第二节　政　策　建　议

一、深入剖析水害对区域经济的综合影响，提供精细化管理支持

随着我国深化体制改革和政府职能转变的逐步推进，加强政府职能的科学化、精细化管理是现代政府治理的趋势，是政府管理实现科学化、规范化、法治化、高效化的直接有效途径。开展水害间接影响的深入分析，全面认识水害对区域经济影响的路径和规律有助于为水利部门应对水害提供精细化管理手段和支撑，是水利部门政府职能转变和深化的重要内容。

正如模拟结果所示，长江三角洲流域水害的直接经济影响通过经济系统的传导作用扩散到流域内部和其他地区，不但能够反映直接影响在流域内部各行政区各行业的间接影响，而且通过区域间及流域与外部的贸易交流对其他地区同样产生了十分显著的间接影响。这些影响特征分析有助于地方水利部门深化对水害在区域和行业造成全面经济影响认识，从而在开展应对措施及减灾规划时提出有针对性的防范措施，将水灾害的经济影响降低到最小。并且，基于多区域的模拟，有助于流域内部建立针对性减灾防灾的区域合作机制，为流域防灾减灾的精细化

管理提供精准、科学决策依据。

二、推广水害间接影响系数，提高减灾评估的便利性和快速反应能力

　　针对水害，尤其是洪灾和水污染对区域经济损失的突发性特征，不仅需要准确全面地评估其对区域经济的经济影响，还需要提高灾害评估的便利性和快速反应能力，从而在最短时间内提出针对性减灾措施。由于 CGE 模型较为复杂，不可能每次发生水害重新计算带来的间接影响。因此，本书基于 CGE 模型测算结果构建了水害间接经济影响系数，用于反映水害直接影响对区域经济的间接波及程度大小；该系数大于零表示间接影响加强了直接影响；该系数小于零表示间接影响削弱了直接影响。由于流域内各区域经济结构短期内变化不大，采用间接影响系数可以快速明确直接影响对应的间接影响的大小及对应的区域和行业。在发生水害时快速判断主要受灾行业和区域，采取有针对性的救援方案有利于将灾害影响程度降到最低。

　　目前，本书仅测算了长江三角洲流域三种类型水害的间接影响系数，未来有必要对我国主要水害发生区域推广间接影响系数，为防灾救灾工作提供方便快速的决策支持。

三、完善基础数据来源和多区域 CGE 模型，确保相关数据精确并可获得

　　本书最大的创新在于将多区域 CGE 模型应用到了流域层面，TERM 模型内部的上海、江苏、浙江三个省份数据都只是包含在长江三角洲流域内部的数据，区别于传统的行政区层面的数据，这种做法能够更加精确地反映流域内部经济影响传导的真实情况。但是这样的创新对数据要求十分高，需要收集流域内部行政区数据，并更新投入产出表，带来巨大的数据处理工作和不可控的数据误差。因此，需要针对流域这种不完整行政区数据需求建立数据库的处理流程，并且需要跟当地统计部门合作确保数据精确性和来源可靠性。另外，现有多区域 CGE 模型虽然反映了区域内部间接影响特征，但由于是静态模型，无法捕获

水害随时间的变化特征及灾后时间内的动态变化，有必要进一步开发多区域动态模型，从而更加准确地反映水害在时间和空间上的动态变化，也为灾后重建工作提供决策参考。

参 考 文 献

[1] 于庆东，沈荣芳. 灾害经济损失评估理论与方法探讨[J]. 灾害学，1996，11（2）：10-14.

[2] 顾海兵. 怎样估算灾害经济损失[J]. 中国统计，1991，5：14.

[3] 张向达. 对计算经济损失的理论探讨——兼论减少经济损失的机制[J]. 财经问题研究，1991，5：10.

[4] 路琮，魏一鸣，范英，等. 灾害对国民经济影响的定量分析模型及其应用[J]. 自然灾害学报，2002，（03）：15-20.

[5] 徐怀礼. 灾害经济学研究[D]. 长春：吉林大学博士学位论文，2007.

[6] 吴吉东，李宁，温玉婷，等. 自然灾害的影响及间接经济损失评估方法[J]. 地理科学进展，2009，（06）：877-885.

[7] 徐怀礼. 国外灾害经济问题研究综述[J]. 经济学家，2010，（11）：99-104.

[8] 唐彦东，于汐. 灾害经济学研究综述[J]. 灾害学，2013，（01）：117-120，145.

[9] 徐嵩龄. 灾害经济损失概念及产业关联型间接经济损失计量[J]. 自然灾害学报，1998，7（4）：7-15.

[10] 黄渝祥，杨宗跃，邵颖红. 灾害间接经济损失的计量[J]. 灾害学，1994，9（3）：7-11.

[11] 唐少卿，聂华林. 灾害与灾害损失评估[M]. 兰州：兰州大学出版社，1992.

[12] Parker D J，Green C H，Thompson P M. Urban flood protection benefits：A project appraisal guide[M]. Aldershot：Gower Technical Press Aldershot，1987.

[13] Cochrane H. Economic impacts of a midwestern earthquake[M]. National Emergency Training Center，1997.

[14] USDA，NRCS. Water Resources Handbook for Economics[R]. Washington，DC：USDA and NRCS Report，1998.

[15] Randy S. The Environment，Economics and Water Policies[R]. Australian Agricultural and Resource Economics Society，1997.

[16] Sassi M，Sbia R. Modeling the flood risk impact–a regional SAM analysis[R]. Cae Working Papers，2010.

[17] Ross C. The impact of flooding on urban and rural communities[R]. Bristol：Environment Agency Report，2005.

[18] Ribaudo M O，Horan R D，Smith M E. Economics of Water Quality Protection from Nonpoint

Sources：Theory and Practice[R]. Agricultural Economics Reports，1999.

[19] Farolfi S. An Introduction to Water Economics and Governance in Southern Africa[R]. Maputo：Universidade Eduardo MondlaneReports，2011.

[20] Grossman G M，Krueger A B. Environmental impacts of a North American free trade agreement[R]. National Bureau of Economic Research，1991.

[21] 王浩，秦大庸，汪党，等. 水利与国民经济协调发展研究[M]. 北京：中国水利水电出版社，2008.

[22] 张鹏，李宁，刘雪琴，等. 基于投入产出模型的洪涝灾害间接经济损失定量分析[J]. 北京师范大学学报（自然科学版），2012，（04）：425-431.

[23] 李谢辉，韩荟芬. 河南省黄河中下游地区洪灾损失评估与预测[J]. 灾害学，2014，（01）：87-92.

[24] 龚宇，张红红. 区域作物旱灾产量和经济损失定量估算——以唐山地区为例[J]. 中国农学通报，2010，（23）：375-379.

[25] 李春华，李宁，李建，等. 洪水灾害间接经济损失评估研究进展[J]. 自然灾害学报，2012，（02）：19-27.

[26] 洪滨. 发达地区水污染经济损失计量研究[D]. 南京：河海大学硕士学位论文，2007.

[27] 李锦秀，徐嵩龄. 流域水污染经济损失计量模型[J]. 水利学报，2003，（10）：68-74.

[28] 张显东，梅广清. 西方灾害经济学模型述评[J]. 灾害学，1999，（01）：91-96.

[29] Okuyama Y. Economic Modeling for Disaster Impact Analysis：Past，Present，and Future[J]. Economic Systems Research，2007，19（2）：115-124.

[30] 刘起运. 投入产出分析[M]. 北京：中国人民大学出版社，2011.

[31] Cochrane H C. Predicting the economic impact of earthquakes[J]. Social Science Perspectives on the Coming San Francisco Earthquake，Natural Hazards Research Paper，1974，25.

[32] Romanoff E，Levine S H. Capacity limitations，inventory，and time-phased production in the sequential interindustry model[J]. Papers in Regional Science，1986，59（1）：73-91.

[33] Okuyama Y. Modeling spatial economic impacts of an earthquake：Input-output approaches[J]. Disaster Prevention and Management，2004，13（4）：297-306.

[34] Wilson R R. Earthquake vulnerability analysis for economic impact assessment[M]. Washington D. C，1982.

[35] Rose AZ. Utility lifelines and economic activity in the context of earthquakes[C]：ASCE，1981：107-120.

[36] Okuyama Y，Hewings G J，Sonis M. Measuring economic impacts of disasters：interregional input-output analysis using sequential interindustry model[J]. Modeling Spatial and Economic

Impacts of Disasters. Springer，2004：77-101.

[37] 武靖源，韩文秀，徐杨，等. 洪灾经济损失评估模型研究——直接经济损失评估[J]. 系统工程理论与实践，1998.

[38] Hallegatte S. An Adaptive Regional Input-Output Model and its Application to the Assessment of the Economic Cost of Katrina[J]. Risk Analysis，2008，28（3）：779-799.

[39] 丁先军，杨翠红，祝坤福. 基于投入-产出模型的灾害经济影响评价方法[J]. 自然灾害学报，2010，（02）：113-118.

[40] 李宁，吴吉东，崔维佳. 基于 ARIO 模型的汶川地震灾后恢复重建期模拟[J]. 自然灾害学报，2012，（02）：68-75.

[41] 顾振华. 基于投入产出模型的灾害产业关联性损失计量[J]. 河南工业大学学报（社会科学版），2011，（02）：31-34.

[42] 李春华，张德琼，方益杭，等. 基于 IO 模型的 2008 年冰雪灾害对湖南省经济影响的定量评估[J]. 中南林业科技大学学报，2012，（12）：12-16.

[43] 张鹏，李宁，吴吉东，等. 基于投入产出模型的区域洪涝灾害间接经济损失评估[J]. 长江流域资源与环境，2012，（06）：773-779.

[44] 朱靖. 基于投入-产出模型的灾后经济非均衡与路径恢复研究[J]. 中国管理科学，2013，（04）：121-128.

[45] Cole S，Pantoja L E，Razak V. Social accounting for disaster preparedness and recovery planning. Technical report NCEER. US National Center for Earthquake Engineering Research，1993.

[46] Rose A，Guha G S. Computable general equilibrium modeling of electric utility lifeline losses from earthquakes. Modeling spatial and economic impacts of disasters[M]. Berlin：Springer，2004：119-141.

[47] Rose A，Liao S Y. Modeling regional economic resilience to disasters：A computable general equilibrium analysis of water service disruptions[J]. Journal of Regional Science，2005，45（1）：75-112.

[48] Tirasirichai C，Enke D. Case study：applying a regional CGE model for estimation of indirect economic losses due to damaged highway bridges[J]. The Engineering Economist，2007，52（4）：367-401.

[49] 赵永. 经济分析 CGE 模型与应用[M]. 北京：中国经济出版社，2008.

[50] McGill J T，Bracken J，Davis C D. Methodologies for Evaluating the Vulnerability of National Systems：Volume 1：Methodologies and Examples[R]. Springfield：Institute for Defense Analyses Program Analysis Division，1972.

[51] Cochrane H C，Harold C. Knowledge of private loss and the efficiency of protection[C]. Presented at the Conference on the Economics of Natural Hazards and their Mitigation，1984.

[52] Narayan P K. Macroeconomic impact of natural disasters on a small island economy：evidence from a CGE model[J]. Applied Economics Letters，2003，10（11）：721-723.

[53] 张显东，梅广清. 二要素多部门 CGE 模型的灾害经济研究[J]. 自然灾害学报，1999，（01）：9-15.

[54] 曹玮，肖皓. 基于 CGE 模型的极端冰雪灾害经济损失评估[J]. 自然灾害学报，2012，（05）：191-196.

[55] 解伟，李宁，胡爱军，等. 基于 CGE 模型的环境灾害经济影响评估——以湖南雪灾为例[J]. 中国人口资源与环境，2012，（11）：26-31.

[56] 王兆坤. 洪涝灾害下电力损失及停电经济影响的综合评估研究[D]. 长沙：湖南大学博士学位论文，2012.

[57] 孙慧娜. 重大自然灾害统计及间接经济损失评估[D]. 成都：西南财经大学硕士学位论文，2011.

[58] 许有朋. 流域城市化与洪涝风险[M]. 南京：东南大学出版社，2012.

附　　录

附表一　长三角三省市 30 个行业区域行业分工与省内贸易流向（单位：亿元）

行业	苏→沪	沪→苏	贸易差	浙→沪	沪→浙	贸易差	浙→苏	苏→浙	贸易差
农林牧渔业	36.48	0.03	36.45	12.17	0.03	12.14	14.90	23.21	−8.31
煤炭开采和洗选业	16.64	0.00	16.64	0.45	0.00	0.45	0.09	34.43	−34.35
石油和天然气开采业	0.25	11.26	−11.02	0.00	0.00	0.00	0.00	0.50	−0.50
金属矿采选业	0.57	0.00	0.57	16.06	0.00	16.06	13.64	0.11	13.53
非金属矿及其他矿采选业	16.65	0.00	16.65	1.44	0.00	1.44	11.76	8.84	2.92
食品制造及烟草加工业	16.02	32.94	−16.91	108.51	56.56	51.95	90.75	15.75	74.99
纺织业	35.20	10.17	25.03	23.93	16.77	7.16	134.69	217.11	−82.42
纺织服装鞋帽皮革羽绒及其制品业	18.19	4.83	13.36	35.06	5.23	29.84	29.25	3.84	25.41
木材加工及家具制造业	16.72	15.08	1.64	47.72	8.05	39.67	68.09	6.10	61.99
造纸印刷及文教体育用品制造业	48.97	7.02	41.95	51.55	4.53	47.01	31.86	9.57	22.29
石油加工、炼焦及核燃料加工业	4.00	40.13	−36.12	23.47	35.72	−12.25	93.93	13.87	80.06
化学工业	176.54	63.98	112.57	170.99	189.90	−18.90	172.38	339.71	−167.33
非金属矿物制品业	22.21	4.25	17.97	128.70	25.06	103.65	24.19	11.56	12.63
金属冶炼及压延加工业	43.30	17.61	25.69	9.50	55.89	−46.39	12.69	233.83	−221.14
金属制品业	55.39	25.02	30.37	43.35	39.85	3.51	66.45	192.43	−125.98
通用、专用设备制造业	54.32	26.55	27.77	55.91	32.20	23.70	50.56	48.32	2.24
交通运输设备制造业	50.99	70.84	−19.84	222.94	10.47	212.47	212.30	5.82	206.49
电气机械及器材制造业	110.77	24.64	86.12	93.78	21.36	72.42	70.89	49.32	21.57
通信设备、计算机及其他电子设备制造业	91.51	12.84	78.67	9.11	4.24	4.86	12.31	28.49	−16.18
仪器仪表及文化办公用机械制造业	5.95	3.13	2.82	5.98	0.13	5.85	6.02	0.20	5.82
其他制造业	8.53	1.73	6.80	14.70	3.12	11.59	16.65	9.75	6.90
电力、热力的生产和供应业	63.74	0.00	63.74	90.08	0.00	90.08	24.33	206.80	−182.47

续表

行业	苏→沪	沪→苏	贸易差	浙→沪	沪→浙	贸易差	浙→苏	苏→浙	贸易差
燃气及水的生产与供应业	1.70	0.01	1.69	1.24	0.01	1.22	0.64	0.34	0.29
建筑业	0.25	0.00	0.25	0.00	0.00	0.00	0.00	0.00	0.00
交通运输及仓储业	2.01	53.50	−51.49	5.16	28.93	−23.77	14.93	3.36	11.56
批发零售业	21.67	5.81	15.86	17.30	5.09	12.21	7.83	5.76	2.06
住宿餐饮业	4.67	3.10	1.57	19.55	29.58	−10.03	15.94	10.55	5.40
租赁和商业服务业	2.89	3.72	−0.83	1.68	2.05	−0.36	1.13	1.07	0.06
研究与试验发展业	0.01	0.21	−0.20	0.00	0.23	−0.22	0.04	0.17	−0.13
其他服务业	35.30	79.49	−44.19	21.72	41.70	−19.98	17.63	13.20	4.42

附表二　国家统计局的标准 42 部门与长江三角洲 18 部门对应

部门序号	42 部门名称	18 部门名称
1	农林牧渔业	农业
2	煤炭开采和洗选业	采掘工业
3	石油和天然气开采业	
4	金属矿采选业	
5	非金属矿及其他矿采选业	
24	燃气生产和供应业	
25	水的生产和供应业	
6	食品制造及烟草加工业	食品制造加工业
7	纺织业	纺织工业
8	纺织服装鞋帽皮革羽绒及其制品业	
9	木材加工及家具制造业	木材及造纸业
10	造纸印刷及文教体育用品制造业	
11	石油加工、炼焦及核燃料加工业	石油工业
12	化学工业	化学工业
14	金属冶炼及压延加工业	冶金工业
15	金属制品业	
16	通用、专用设备制造业	机械工业
17	交通运输设备制造业	
18	电气机械及器材制造业	
19	通信设备、计算机及其他电子设备制造业	
20	仪器仪表及文化办公用机械制造业	

部门序号	42 部门名称	18 部门名称
13	非金属矿物制品业	其他工业
21	工艺品及其他制造业	
22	废品废料	
23	电力、热力的生产和供应业	电力工业
26	建筑业	建筑业
27	交通运输及仓储业	货运邮电业
28	邮政业	货运邮电业
29	信息传输、计算机服务和软件业	
30	批发和零售业	商饮服务业
31	住宿和餐饮业	
34	租赁和商务服务业	
32	金融业	金融保险业
33	房地产业	房地产业
37	水利、环境和公共设施管理业	公共服务业
38	居民服务和其他服务业	
39	教育	
40	卫生、社会保障和社会福利业	
41	文化、体育和娱乐业	
42	公共管理和社会组织	
35	研究与试验发展业	其他服务业
36	综合技术服务业	

附表三　2011 年不同地区和不同灾害类型的直接损失计算

类型	类别	上海	江苏	浙江
旱灾增加值损失/农业	直接增加值损失/亿元	0.33	4.43	1.79
	行业增加值/亿元	124.94	774.67	289.68
	增加值损失/%	−0.2641	−0.5719	−0.6179
洪灾增加值损失/亿元	农业	0.19	4.89	3.33
	工业	0.02	1.27	0.52
	商饮等服务业	0.06	7.75	0.72
	水利等公共基础设施	0.000	0.005	0.002
	农村居民住宅	0.26	3.00	2.96
	居民财产	0.02	4.74	5.97

续表

类型	类别	上海	江苏	浙江
洪灾行业增 加值/亿元	农业	124.9	774.7	289.7
	工业	7157.1	13363.9	2452.2
	商饮等服务业	4232.9	5019.5	713.3
	水利等公共基础设施	1512.8	2013.6	425.1
	农村居民住宅	659.2	653.2	99.8
	居民财产	3238.6	6449.5	539.8
洪灾行业增 加值/%	农业	−0.152	−0.631	−1.150
	工业	−0.0003	−0.0095	−0.0212
	商饮等服务业	−0.001	−0.154	−0.101
	水利等公共基础设施	0.000	0.000	0.000
	农村居民住宅	−0.039	−0.459	−2.966
	居民财产	−0.001	−0.073	−1.106
水污染增加 值损失/亿元	农业	35.47	38.18	57.23
	工业（生产成本）	82.51	16.62	29.23
	市政工业（运行成本）	9.58	0.22	1.49
	旅游收入	0.47	1.12	1.27
水污染行业 增加值/亿元	农业	124.94	774.67	289.68
	工业（总产值）	33604.6	62994.6	11357.0
	市政工业（总产值）	229.88	384.63	197.43
	旅游收入	4232.93	5019.49	713.33
水污染增 加值/%	农业	−28.39	−4.93	−19.76
	工业（增加的税率）	0.002 455	0.000 264	0.002 574
	市政工业（增加的税率）	0.041 674	0.000 572	0.007 547
	旅游收入	−0.01	−0.02	−0.18
家庭消费	支出增加/亿元	48.55	48.77	17.31
	食品加工支出金额/亿元	852.545	381.813	168.147
	食品加工支出/%	5.69	12.77	10.29

附表四　洪灾对上海市（流域内）各行业的间接经济影响

行业	直接影响/亿元	间接影响/亿元	总影响/亿元	间接影响系数/倍
农业	0.190 0	0.238	0.428	1.3
食品制造加工业	0.002 4	0.105	0.108	44.7
纺织工业	0.000 9	0.014	0.015	16.0

续表

行业	直接影响/亿元	间接影响/亿元	总影响/亿元	间接影响系数/倍
木材及造纸业	0.000 8	0.009	0.010	11.7
石油工业	0.000 3	0.008	0.009	27.7
化学工业	0.002 7	0.029	0.032	10.5
冶金工业	0.002 2	0.026	0.028	11.7
机械工业	0.029 7	0.016	0.046	0.5
其他工业	0.000 8	0.013	0.013	15.6
电力工业	0.001 7	0.049	0.050	29.3
商饮服务业	0.060 0	0.095	0.155	1.6
房地产业	0.402 2	0.340	0.742	0.8

资料来源：TERM 模型模拟结果

附表五　洪灾对江苏直接冲击行业的间接影响

行业	直接影响/亿元	间接影响/亿元	总影响/亿元	间接影响系数/倍
农业	4.890 0	9.805	14.695	2.0
食品制造加工业	0.019 1	0.315	0.334	16.5
纺织工业	0.125 4	1.365	1.491	10.9
木材及造纸业	0.045 7	0.384	0.429	8.4
石油工业	0.011 8	0.075	0.087	6.4
化学工业	0.181 4	1.017	1.199	5.6
冶金工业	0.183 6	1.020	1.203	5.6
机械工业	5.352 7	3.939	9.291	0.7
其他工业	0.070 5	0.162	0.232	2.3
电力工业	0.019 2	0.092	0.111	4.8
商饮服务业	7.750 0	2.534	10.284	0.3
房地产业	6.517 1	5.968	12.485	0.9

资料来源：TERM 模型模拟结果

附表六　洪灾对浙江直接冲击行业的间接影响

行业	直接影响/亿元	间接影响/亿元	总影响/亿元	间接影响系数/倍
农业	3.330 0	7.780	11.110	2.3
食品制造加工业	0.024 1	0.316	0.340	13.1
纺织工业	0.109 7	1.234	1.343	11.2
木材及造纸业	0.043 8	0.423	0.467	9.6

续表

行业	直接影响/亿元	间接影响/亿元	总影响/亿元	间接影响系数/倍
石油工业	0.001 2	0.007	0.008	5.6
化学工业	0.097 6	0.591	0.689	6.1
冶金工业	0.043 2	0.356	0.399	8.2
机械工业	6.084 4	1.300	7.385	0.2
其他工业	0.039 9	0.280	0.320	7.0
电力工业	0.045 8	0.237	0.283	5.2
商饮服务业	0.720 0	1.315	2.035	1.8
房地产业	6.993 6	5.848	12.841	0.8

资料来源：TERM 模型模拟结果

附表七　　水污染对上海直接冲击行业的间接影响影响

行业	直接影响/亿元	间接影响/亿元	总影响/亿元	间接影响系数/倍
农业	35.5	28.6	64.0	0.8
采掘工业	9.6	−17.0	−7.4	−1.8
食品制造加工业	4.3	14.0	18.3	3.3
纺织工业	2.5	−6.3	−3.8	−2.5
木材及造纸业	2.4	−5.1	−2.7	−2.1
石油工业	4.2	−10.2	−6.0	−2.4
化学工业	9.9	−20.6	−10.7	−2.1
冶金工业	8.3	−16.4	−8.1	−2.0
机械工业	44.8	−101.6	−56.8	−2.3
其他工业	2.3	−4.9	−2.6	−2.1
电力工业	3.9	−9.7	−5.8	−2.5
商饮服务业	0.5	5.6	6.1	12.0

资料来源：TERM 模型模拟结果

附表八　　水污染对江苏直接冲击行业的间接影响

行业	直接影响/亿元	间接影响/亿元	总影响/亿元	间接影响系数/倍
农业	38.2	37.7	75.9	1.0
采掘工业	0.2	0.2	0.5	1.1
食品制造加工业	0.2	10.7	10.9	52.3
纺织工业	1.6	−3.6	−2.1	−2.3
木材及造纸业	0.5	0.2	0.7	0.4

续表

行业	直接影响/亿元	间接影响/亿元	总影响/亿元	间接影响系数/倍
石油工业	0.1	0.2	0.3	1.5
化学工业	2.3	−0.6	1.6	−0.3
冶金工业	2.8	4.4	7.1	1.6
机械工业	8.1	16.2	24.3	2.0
其他工业	0.8	−1.9	−1.0	−2.2
电力工业	0.2	−0.7	−0.5	−3.3
商饮服务业	1.1	−0.5	0.6	−0.5

资料来源：TERM 模型模拟结果

附表九　水污染对浙江直接冲击行业的间接影响影响

行业	直接影响/亿元	间接影响/亿元	总影响/亿元	间接影响系数/倍
农业	57.2	56.8	114.0	1.0
采掘工业	1.5	−2.3	−0.8	−1.6
食品制造加工业	1.0	0.5	1.5	0.5
纺织工业	6.0	−19.6	−13.5	−3.2
木材及造纸业	2.5	−6.8	−4.2	−2.7
石油工业	0.1	−0.2	−0.1	−2.3
化学工业	5.5	−13.8	−8.3	−2.5
冶金工业	3.5	−6.3	−2.9	−1.8
机械工业	6.5	−15.9	−9.5	−2.5
其他工业	1.9	−4.1	−2.1	−2.1
电力工业	2.2	−7.1	−5.0	−3.3
商饮服务业	1.3	3.7	5.0	2.9

资料来源：TERM 模型模拟结果

附表十　三种类型水害对流域内三个地区宏观经济指标的经济影响汇总（百分比变化：%）

指标	洪灾			旱灾			水污染		
	上海	江苏	浙江	上海	江苏	浙江	上海	江苏	浙江
消费	−0.017	−0.219	−0.693	−0.015 2	−0.051 9	−0.145 5	−1.44	−0.27	−4.24
投资	−0.009	−0.108	−0.263	−0.006 0	−0.018 3	−0.054 7	−1.24	−0.23	−2.2
政府支出	0.000	0.000	0.000	0.000 0	0.000 0	0.000 0	0.00	0.00	0.00
出口	−0.011	−0.084	−0.201	0.001 4	0.007 4	0.005 0	0.14	0.18	0.19

续表

指标	洪灾			旱灾			水污染		
	上海	江苏	浙江	上海	江苏	浙江	上海	江苏	浙江
进口	0.001	−0.082	−0.276	−0.002 9	−0.002 8	−0.024 1	−0.57	−0.01	−0.95
GDP	−0.008	−0.166	−0.614	−0.008 2	−0.033 7	−0.101 9	−0.84	−0.2	−2.84
就业	−0.011	−0.213	−0.687	−0.013 0	−0.049 7	−0.143 4	−1.43	−0.26	−4.24
GDP 价格	0.001	0.071	0.296	−0.001 3	−0.005 3	0.005 3	−0.27	−0.21	−0.08
CPI	0.006	0.134	0.322	0.000 7	−0.017 4	0.001 5	−0.23	−0.42	−0.23
出口价格	0.003	0.021	0.05	−0.000 3	−0.001 9	−0.001 3	−0.03	−0.05	−0.05
资本回报率	−0.009	−0.097	−0.349	−0.007 0	−0.017 2	−0.051 4	−1.24	−0.24	−2.29

附表十一　三种类型水害对流域内三个地区宏观经济指标的经济影响汇总（绝对量）

指标	洪灾				旱灾				水污染			
	上海	江苏	浙江	流域内合计	上海	江苏	浙江	流域内合计	上海	江苏	浙江	流域内合计
消费/亿元	−1.4	−14.1	−11.9	−27.4	−1.3	−3.3	−2.5	−7.1	−118.6	−17.1	−72.7	−208.4
投资/亿元	−0.7	−14.7	−6.1	−21.6	−0.5	−2.5	−1.3	−4.3	−96.2	−30.7	−51.5	−178.3
GDP/亿元	−1.6	−44.8	−31.4	−77.7	−1.6	−9.1	−5.2	−15.9	−161.3	−53.8	−144.8	−360
就业/万人	−0.07	−0.80	−0.24	−1.11	−0.08	−0.19	−0.05	−0.32	−9.18	−0.97	−1.47	−11.62
CPI/%	0.01	0.13	0.32	0.09	0.00	−0.02	0.00	□	−0.23	−0.42	−0.23	−0.3

附表十二　三种类型水害间接影响系数比较

类型	洪灾				旱灾				水污染			
	上海	江苏	浙江	长三角流域	上海	江苏	浙江	长三角流域	上海	江苏	浙江	长三角流域
直接影响/亿元	0.6	21.7	13.5	35.7	0.3	4.4	1.8	6.6	55.7	42.9	65.1	163.7
间接影响/亿元	1.0	32.2	19.4	52.6	0.7	6.1	3.4	10.2	193.2	39.4	128.9	361.4
总影响/亿元	1.6	53.8	32.9	88.3	1.03	10.6	5.2	16.8	248.9	82.3	194	525.1
间接影响系数/倍	1.8	1.5	1.4	1.5	2.1	1.4	1.9	1.6	3.5	0.9	2.0	2.2

附表十三　洪灾和水污染各行业间接影响系数比较（单位：倍）

行业	洪灾				水污染			
	上海	江苏	浙江	流域平均	上海	江苏	浙江	流域平均
农业	1.3	2.0	2.3	2.1	0.8	1.0	1.0	0.9
食品制造加工业	44.7	16.5	13.1	16.1	−1.8	1.1	−1.6	−1.7
纺织工业	16	10.9	11.2	11.1	3.3	52.3	0.5	4.6
木材及造纸业	11.7	8.4	9.6	9.0	−2.5	−2.3	−3.2	−2.9
石油工业	27.7	6.4	5.6	6.8	−2.1	0.4	−2.7	−2.1
化学工业	10.5	5.6	6.1	5.8	−2.4	1.5	−2.3	−2.3
冶金工业	11.7	5.6	8.2	6.1	−2.1	−0.3	−2.5	−2.0
机械工业	0.5	0.7	0.2	0.5	−2.0	1.6	−1.8	−1.3
其他工业	15.6	2.3	7.0	4.1	−2.3	2.0	−2.5	−1.7
电力工业	29.3	4.8	5.2	5.7	−2.1	−2.2	−2.1	−2.1
商饮服务业	1.6	0.3	1.8	0.5	−2.5	−3.3	−3.3	−2.8
房地产业	0.8	0.9	0.8	0.9	12.0	−0.5	2.9	3.1